EMIGRATION AND AGRICULTURE
in the Mediterranean Basin
EMIGRATION ET AGRICULTURE
dans le Bassin Mediterranéen

PUBLICATIONS OF THE INSTITUTE OF SOCIAL STUDIES

PAPERBACK SERIES

VIII

PROCUL CERNENS

CLARIUS OBSERVAT

INTERNATIONAAL INSTITUUT
VOOR SOCIALE STUDIËN - 'S-GRAVENHAGE
1972

EMIGRATION AND AGRICULTURE

in the Mediterranean Basin

EMIGRATION ET AGRICULTURE

dans le Bassin Mediterranéen

C.A.O. VAN NIEUWENHUIJZE *(editor)*

A joint publication by the

MEDITERRANEAN SOCIAL SCIENCES RESEARCH COUNCIL

and the

INSTITUTE OF SOCIAL STUDIES

1972

MOUTON

THE HAGUE · PARIS

LIBRARY OF CONGRESS CATALOG CARD NUMBER: 72-86184

Printed in the Netherlands by N.V. Zuid-Hollandsche Drukkerij

EDITORIAL INTRODUCTION

The Mediterranean Social Sciences Research Council represents a network of communications between research agencies all through the Mediterranean Basin, which study any aspects or problems of development. One of its members since the beginning has been the widely known Cassa per il Mezzogiorno in Rome, an agency that, as part of its widespread and impressive efforts to promote the well-being of the Italian "South", maintains an assiduous research interest. In terms of relative strength and importance, this member institution, like several others, counts for a good deal more than the Council that it helps to constitute and maintain. This is as it should be: the Council exists in order to be of service rather than to be big or important.

At one point in time the interests of the Cassa and of the Council met in an interesting project. The Cassa provided the financial support that enabled the Council to announce a prize contest for studies on an oft neglected subject that yet is vital to development in many parts of the Mediterranean Basin. Considerable areas of the Basin, mostly rural, are emigration areas. It being natural that men in the prime of their lives form the primary and indeed preferred candidates for emigration, any sizeable emigration will affect the nature and management of the agricultural enterprises concerned. Indeed, in several cases, nothing less than an urgent need for restructuration is the ultimate consequence. This need, as often as not, will beg the question of a number of inherited social and economic patterns of agriculture and, by implication, of rural life. This is the topic on which studies were invited: the restructuring of agricultural enterprises in areas affected by emigration.

In order to bring the prize contest to its proper conclusion, a seminar was convened at which a number of reports drawn up by invited experts could be discussed. The idea was that a number of country reports be reviewed in order that some degree of comparison, in keeping with the ideals of the Council, could be achieved. To this purpose, those invited to contribute were provided with a frame of reference by way of a suggested guideline. This ran more or less as follows:

I. *Forms and entity of emigration* (a very brief summary of the phenomenon today)
   — inventory of local land resources
   — emigration (definitive, seasonal)
   — shift from agriculture to other economic activities without emigration from the area (commuting, home work etc.)
   — characteristics of the remaining agricultural population (increase in age, greater number of women, etc.)

II. *Effects on the organization of the farm*
   — changes in the agricultural enterprise as regards size and type of farm ("modes de faire valoir", land tenure) with specific reference to the shifting to
   (a) exploitation by the owner
   (b) big capitalistic farms with many employees (owned by an individual or a corporation)
   (c) cooperatives of land-workers
   (d) part-time farming

III. *Changes in production policies*
   — neglect of land
   — reafforestation
   — shift to pastures (with the possibility of cattle breeding)
   — improvement of farming (mechanization, land rearrangement, rational organization, etc.)
   — introduction of new cultivations (effects on the total production, on productivity and on market initiatives)
   — changes in the need for manpower

IV. *Possibilities of intervention*

- — state control on the cultivation of steep areas and on mechanization
- — fiscal facilities in land rearrangements and financial help for the reorganization of farms
- — laws to expropriate or to assign neglected lands, even in the eventual framework of a plan for land reform
- — family policies (advantages to the co-heirs who remain farmers as against the non-farmers; different family allowances for special areas, etc.)
- — possible interregional shifting of rural forces: inventory of labour forces immigrated from other areas and of the contribution given (or which could be given) by immigrants
- — promotion of non-rural complementary activities
- — technical, economic and social surveys and research made by qualified institutes

The treatment of the main problems suggested should develop with growing extension, proceeding from the first to the fourth point. This last should be given the widest development as the seminar intends to single out incentives to put into action and to speed up rational solutions to the phenomenon. The first and perhaps also the second part should consist only of short background and statistical information.

We have been fortunate in obtaining a response that both qualitatively and quantitively was most encouraging. The seminar duly met on April 10 through 12, 1967, at the Rome headquarters of the Cassa per il Mezzogiorno. The present publication can do no more than reproduce the papers submitted; to provide a summary of the valuable and stimulating discussions is alas impossible.

This is the occasion on which to offer sincere thanks, on the part of the Mediterranean Council, first to the Cassa and more personally to Professor P. Vicinelli, for indispensable help, encouragement and hospitality; secondly, to the experts for their contributions to the seminar; thirdly, to the Institute of Social Studies, founding member of the Council, for providing the facilities for this publication.

To these thanks, the present writer is happy to add a testimony of personal gratitude: firstly to Professor Vicinelli with whom he had the pleasure to prepare all this while still Secretary-General of the Council; and secondly to Mrs. Flavia Derossi who implemented the seminar during her tenure as the Council's Director of Research.

C. A. O. van Nieuwenhuijze
Director of Research,
Mediterranean Social Sciences
Research Council

FOREWORD

Notwithstanding the deep differences in social and economic conditions, the Mediterranean countries bear in common a number of fundamental problems and decisive struggles. The most dramatic of these, during the last decades, has been the change from the traditional employment of population — usually low-yield and primitive wheat-growing or sheep-breeding — towards new types of activities, probably more precarious but certainly more responsive to the irresistible drive away from the inherited bitter slavery under harsh natural conditions.

The consequent massive transmigration has involved around 20 million people during the last decade. Many aspects, both economic and social, of this exodus of biblical proportions have been studied and analysed, with special reference being given to the cost of transfer and settlement, to urbanism, and to the effects on the economies of the several countries involved.

The "Mediterranean Social Sciences Research Council", and the "Cassa per il Mezzogiorno", the authority responsible for the development of Southern Italy, have joined efforts in devoting their attention to a particular aspect — probably the most difficult — of the general problem: How to assure that the exodus from poor agricultural areas in the Mediterranean countries may be followed by a rapid reorganisation of farming patterns and by the building of new structures adequate in terms of modern technology, productivity and response to the market.

An international competition was organised on this theme, open to young researchers and students. Later, a seminar was held in Rome in April 1967, with the participation of scholars from France,

Italy, Spain, Yugoslavia, Turkey, Greece and Malta, and representatives of FAO, the "Cassa" and other institutions. The reports discussed in this seminar and now compiled in this volume, offer a representative picture of the positions reached in the various countries, of the legislation and programmes developed, and of the further solutions envisaged by economists and sociologists. The reports show situations which indeed vary greatly from country to country, from area to area: in France, for instance, the relation between land and farmers is being systematically dealt with (approximating the lines indicated by Mr. Mansholt); in Spain, the reorganisation of fragmented farms is a matter of special concern; in Yugoslavia and Turkey, various uses of savings and investments are highlighted; in Italy, a major effort is made towards developing secondary and tertiary activities in the poorest territories.

Although a picture of the prevailing dramatic situation is clearly emerging, the solutions appear to be still vague and tentative. In particular in the poorer countries and in territories which are really dominated by the difficulties of the Mediterranean climate, little progress is being made in what might be considered new forms of organised agriculture at a sufficient level of productivity. With the exception of irrigated land or of other special conditions, extensive types of farming, with very low manpower employment, appear inevitable. The problem then arises of how to sustain villages and territories without recourse to agriculture, necessitating the planning and fostering of other forms of activity in manufacturing, tourism, etc.

Above all, interest must be maintained in a continuous interchange of information and in a study of the experiences and progress of the different countries. It is in this respect that the initiative taken by the MSSRC and the Cassa is extremely useful and significant. The present publication is intended to serve those who are interested in rural policies, and to foster further analysis and discussion.

P. Vicinelli

CONTENTS

1

CORRADO BARBERIS

INTRODUCTION GENERALE

L'ampleur et la clarté des rapports nationaux permettent, sans trop insister sur la description des phénomènes, de passer à quelques conclusions.

1. DEVELOPPEMENT INDUSTRIEL ET SOCIETE RURALE

Trop souvent, lorsque l'on parle de programmation agricole, ou même de programmation des structures foncières, l'on oublie qu'une programmation n'implique pas uniquement un secteur d'activité économique mais un certain type de société. L'agriculture ne produit pas dans le vide, il ne s'agit pas d'un germe cultivé à part: elle produit dans un milieu donné, auquel l'on donne le nom de société rurale.

Or, cette société rurale est de plus en plus caractérisée par le divorce entre l'agriculture et la campagne, à cause:

(1) des industries qui souvent abandonnent, ou évitent les grands centres urbains;
(2) de la motorisation qui permet à de nombreuses personnes d'habiter à la campagne et de travailler en ville;
(3) de l'émigration même des zones rurales qui implique de plus en plus les agriculteurs par rapport aux personnes travaillant dans les autres secteurs.

L'effet de ces trois tendances conjointes est que l'exode agricole, c'est à dire l'abandon du secteur primaire, est généralement plus élevé que l'exode rural, pris dans son sens d'abandon d'une zone géographique.

L'on a communiqué, en effet, qu'en France sur 225.000 hommes qui ont abandonné l'agriculture de 1959 à 1964, 60% n'a pas effectué une émigration et uniquement 10% a été obligé à changer de régions de sorte que presque 78% des mutants sont restés dans des communes rurales.[1]

En Italie, l'agriculture diminue, de 1951 à 1961 de 2.600.000 unités actives; mais les communes que l'Institut de Statistique comprend dans la catégorie rurale, perdent uniquement 600.000 unités actives.[2]

L'on ne s'étonne donc pas du fait qu'en Italie le recensement de 1961 ait encore classifié la majorité de la population (52%) dans la catégorie résidant dans les communes rurales; mais à l'intérieur de ces communes uniquement une minorité des travailleurs (46%) sont engagés dans l'agriculture. En France le recensement de 1962 a porté à 20 le pourcentage de la population engagée dans l'agriculture; mais la population rurale atteint environ 38%, selon les calculs qui ont été effectués.[3]

En Yougoslavie aussi, la distinction entre activité agricole et résidence rurale est assez développée: uniquement 45% de la population vit principalement de l'agriculture mais les zones non urbaines absorbent encore 70% de la population.

Naturellement, dans les régions proprement méditerranéennes le lien entre la population rurale et l'activité agricole semble plus étroit. Ceci est valable de façon particulière pour l'Italie méridionale, où uniquement 44% des résidents des communes rurales a des activités en dehors de l'agriculture; ceci est aussi valable pour l'Espagne où la population rurale — habitants de communes ayant moins de 10.000 habitants — est passé entre 1900 et 1960 de

[1] M. Praderie, M. Passagez, "La mobilité professionnelle en France entre 1959 et 1964", *Etudes et conjoncture* (octobre 1966), p. 30.

[2] G. Faustini, "Esodo agricolo ed esodo rurale", in *Rivista di economia agraria* 1 (1966).

[3] J. C. Bontron, U. Mathieu, *Les populations rurales françaises: étude préliminaire à l'aménagement de l'espace rural* (Centre de Recherches Economiques et Sociales appliquées, Paris, mars 1922.)

67.8% à 43.2%: ainsi cette réduction a été moins rapide que celle de la population agricole qui est passée au cours de la même période, de 69.0 à 38.7%; mais le décalage entre les deux genres d'exode est insensible.

Ce n'est pas par hazard que nous insistons sur l'importance du travail non agricole dans des zones rurales. L'on a souligné à juste titre, dans ce colloque, la nécessité de doter le milieu rural d'infrastructures adéquates. Mais sans l'apport des autres groupes sociaux, les agriculteurs — que les lois économiques tendent à réduire — devraient renoncer à jouir d'un grand nombre de services civils, ou bien se résigner à les acquérir à un prix fort élevé. Quelquefois, la décentralisation des industries dans les zones rurales permet de consacrer de grosses sommes d'argent à l'amélioration des conditions d'une région ou d'une commune, amélioration qui serait sans cela absorbée par le développement rapide des villes. Une enquête menée par le Ministère du Travail italien a permis d'affirmer que la création d'un nouveau poste de travail dans des zones rurales de la Sicile (Siracuse) et du Latium (Frosinone, Latina) a comporté une dépense pour la création d'infrastructure atteignant à peine 55.000 lires; alors que l'émigration du même travailleur sicilien ou latial vers la zone urbaine de Milan aurait coûté à la collectivité 2.600.000 lires.[4]

Voilà pourquoi l'expérience mise en train par le gouvernement turc revête un intérêt extrême. Investir dans des activités productives, dans les zones de départ, les envois d'argent des émigrés, signifie rembourser les communautés rurales du coût d'élevage de ce capital humain. Il est vrai que les épargnes seraient de toutes façons envoyées aux parents, mais ceci donnerait lieu à des phénomènes de thésaurisation et de placements dans des banques, qui — sans une intervention de l'Etat — ne manqueraient pas de les destiner à des initiatives non agricoles ou non rurales. La grande émigration trans-océanique italienne qui va de 1880 à 1920, montre également, dans le Midi, un drainage bancaire de capitaux fondamentalement agricoles, puisque procurés grâce au travail d'agriculteurs à

[4] Ministerio del Lavoro, *Costi sociali di insediamento dei lavoratori* (Roma, 1965).

l'étranger.

L'on ne désire évidemment pas nier le rôle des grandes concentrations de capital industriel dans le cadre du développement économique: surtout pour des pays qui en sont encore au démarrage. Sous cet aspect, il se peut que la tentative turque — si généralisée — ralentisse le développement économique du pays; mais il est probable qu'elle permettra d'assurer, à longue échéance, un développement bien plus équilibré entre les différentes régions. Il faudrait observer plutôt, que la réussite d'une telle expérience présuppose chez l'émigré, et même chez le candidat à l'émigration, un sentiment très fort le liant à sa communauté; en outre, la réussite de ce projet est conditionnée par une extension ferme et cohérente de la part des autorités gouvernementales.

2. DEVELOPPEMENT INDUSTRIEL ET STRUCTURES FONCIERES

L'on a dit que l'agriculture ne produit pas isolément, mais dans un contexte social bien précis. Or, c'est ce milieu social qui conditionne les structures foncières: bien plus qu'il n'est conditionné par ces dernières. Les experts en programmation n'ont peut-être que l'embarras du choix entre différentes méthodes qui permettraient d'établir "la main d'oeuvre techniquement nécessaire à l'agriculture",[5] et d'établir, d'autre part, la quantité de main d'oeuvre agricole qui peut être cédée à d'autres secteurs sans danger pour la production. Mais, sur le plan concret, cela dépend de la capacité d'attraction des secteurs non agricoles; capacité d'attraction qui ne se mesure pas uniquement en des termes de *combien*, mais en se demandant *comment* et *où*.

Pour programmer l'exode agricole, pour planifier les structures foncières il faut donc connaître non seulement le nombre des emplois qu'il faut créer dans les autres secteurs mais aussi leur siège. Concentrerons-nous les industries dans les villes? L'exode agricole viendra s'ajouter au dépeuplement rural et portera au problème de

[5] P. Coutin, *La population agricole active masculine techniquement nécessaire* (Paris 1964, ronéotypé.)

savoir comment utiliser ou réutiliser des ressources même importantes. Suivrons-nous, au contraire, une orientation décentralisée qui, dans certaines limites, a déjà été une caractéristique positive de la période qui vient de s'écouler? L'exode — probablement encore plus intense — sera uniquement agricole et non pas rural et les problèmes des structures foncières prendront une forme fort différente: ils seront simplifiés, ou même compliqués: si la politique structurale suit comme objectif principal la constitution de grandes unités de superficie.

Il ressort de ceci une conclusion fondamentale: l'inutilité d'un effort tendant exclusivement à la recherche de la dimension d'entreprise optimale, l'inutilité d'une programmation linéaire qui chercherait à résoudre à l'intérieur des facteurs de la production le problème des équilibres économiques ou structuraux. C'est l'expérience externe de l'agriculture, c'est la réalité du développement non agricole qui remet tout en discussion: sous forme de surfaces abandonnées ou sur lesquelles on ne travaille que *part-time*.

Ce n'est pas au hazard qu'un rapporteur s'est demandé, à un certain point, si "il vaudrait mieux laisser la campagne se vider en vue d'une reconquête rationnelle effectuée par d'éventuels colons, ou bien s'il vaudrait mieux réintégrer les vides, afin de conserver au territoire le bénéfice de l'expérience et de l'adaptation de ses habitants". Ceux-ci sont les véritables termes du problème. Or, il n'est aucun doute que, là où cela est possible, il faut choisir en faveur de la deuxième solution: qui représente, entre autres, la solution adoptée par les syndicats des exploitants c'est-à-dire par les personnes intéressées directement au problème; même si la thèse du dépeuplement peut être extrêmement attirante pour quelque directeur d'une société d'aménagement, qui serait heureux d'appliquer dans le vide les combinaisons optimales des techniques de production.

Nous devons donc distinguer deux genres de situations. Là où l'exode est en premier lieu rural, et le dépeuplement ne permet pas une pluralité d'occupations à l'intérieur des familles, il serait inutile de nourrir d'excessives illusions en ce qui concerne le futur de l'agriculture. Il se peut que, à longue échéance, la présence de vastes superficies abandonnées tente quelques aspirants agriculteurs, désireux de revivre les fastes du Far West: les agronomes, avant les économistes, diront quelles sont les conditions qui rendraient possible, dans la zone méditerranéenne l'élevage à l'état sauvage. Personnellement je ne nourris pas beaucoup d'illusions, ayant lu, d'autre part, le beau rapport du Prof. Baldoni au cours d'une conférence récente dans l'Appenin entre la Toscane et l'Emilie, rapport qui finit par accorder plus de confiance presque, à l'intensification des cultures dans les rares superficies fertiles de la montagne plutôt qu'à l'expansion de la zootechnie.[6]

Il faudrait peut-être tenir un discours semblable en ce qui concerne le reboisement, que tout le monde souhaite mais qui est fort peu réalisé. Ceux qui ont souhaité le dépeuplement de la montagne en tant que moyen pour rendre à la fôret des pentes défrichées, afin d'obtenir en même temps la production de bois et la défense du sol, ont trop souvent ignoré le sage avertissement qu'un vieil économiste italien, Ghino Valenti, adressait depuis 1887;[7] invitant clairement à distinguer le bois en tant que but et le bois en tant que moyen. Si le bois est un but, un objectif de la production, il ne faut pas s'étonner que l'on choisisse des terrains fertiles et dans des plaines, comme cela se passe dans la vallée du Po entre Pavie et Vercelli. Si le bois est un moyen, pour empêcher les alluvions, il est évident que sa constitution doit être choisie non pas par des financiers mais par l'Etat. Cette circonstance rend toujours plus vrai ce qu'a dit Sismondi: "Laissons faire . . . hélas! Il ne se fera rien du tout".[8]

Je pense, en tout cas, que tout effort doit être accompli afin d'assurer aux collectivités nationales l'utilisation de ressources qui seraient perdues autrement. Dans ce but, l'adoption d'un texte analogue à la loi française n. 60/808 du 5 Août 1960, dite d'*Orientation agricole* serait nécessaire. Cette loi prescrit (Titre IV, chap. V,

[6] R. Baldoni, *Prospettive agricole e zootecniche dell'Appennino tosco-emilliano.* Se référer aussi aux *Actes* de la même conférence (Bologna, 4 février 1967), le rapport général de E. Di Cooco où l'on prend en considération les possibilités de reconversion, à longue échéance.

[7] G. Valenti, *Studi di politica agraria* (Roma 1914) p. 14 et plus efficacement p. 488.

[8] S. De Sismondi, *Comment repeupler la campagne de Rome* (dans Etudes sur l'Economie politique, t. II), p. 98.

art. 39): "Tout exploitant agricole, société de culture ou groupement d'exploitants peut demander au tribunal d'instance du lieu de l'immeuble l'autorisation d'exploiter des fonds incultes depuis plus de cinq ans, situés au voisinage de sa propre exploitation et dont la superficie est inférieure à une superficie déterminée dans les conditions fixées par un décret en conseil d'Etat."

Dans les zones de dépeuplement, cette faculté devrait être donnée même à des personnes n'appartenant pas à l'endroit et pour des surfaces de n'importe quelle grandeur. Et c'est justement dans les zones de dépeuplement que s'insère l'action de soutien aux migrations de cultivateurs. J'admire ce que nos collègues français ont su faire, avec peu de moyens, dans ce domaine: du moins avant que les rapatriés de l'Afrique du Nord aient posé de nouveaux problèmes. En effet, avec le système qu'ils ont créé, l'on obtient trois avantages fondamentaux:

(1) les syndicats des exploitants des zones d'accueil, s'intéressant à procurer une source stable de capitaux pour leurs membres désireux de laisser leur profession, tendent à établir effectivement un contrôle du prix de la terre: ils empêchent ainsi que l'avidité de quelque spéculateur puisse faire dévier le courant des acheteurs de la zone intéressée à la vente;

(2) les acheteurs sont conseillés par des collègues, qui ne sont pas choisis par un bureau de l'état. En outre ils décident eux-mêmes de l'entreprise où ils désirent s'installer;

(3) L'aide de l'état se concentre principalement sur la possibilité offerte au cultivateur de visiter un certain nombre d'entreprises libres, d'obtenir le remboursement des dépenses de déménagement ainsi que sur une série de mesures financières pour mettre en valeur la terre abandonnée ou en voie d'abandon.

C'est avec des initiatives de ce genre qu'une partie des superficies les plus ingrates pourra être intégrée, en quelque sorte, dans la production agricole. Le cas des pâtres sardes, qui se sont transférés sur les collines de la Maremme (Toscane), entre autres pour éviter les vols de bétail, invite à réfléchir sur l'importance de ne pas disperser un capital humain si rare, comme celui des bergers.

J'arrive maintenant à la deuxième situation, caractérisée par l'exode agricole et non pas rural. C'est dans cette situation que les observations réitérées des rapporteurs nationaux sur le manque de mobilité du facteur terre, et sur le part-time prennent une importance particulière.

Sans aucun doute, le *part-time* est un obstacle pour la mobilité de la terre. C'est pour cette raison que sa diffusion doit être considérée favorablement dans les zones de dépeuplement où les reconversions culturelles sont difficiles, comme à la montagne, et où il représente, probablement, la seule façon pour maintenir une agriculture.

Au contraire, dans les zones de grande ferveur économique, où chaque hectare de terre mis à la disposition des agriculteurs représente une véritable bénédiction, le *part-time* peut effectivement être considéré comme un obstacle à la re-structuration foncière, s'il n'est pas limité à la cultivation de superficies restreintes, vergers ou zones d'arbres, afin d'assurer à la famille l'approvisionnement en légumes, en huile, et en vin, mais s'il s'oriente vers une production pour le marché. Dans ces zones aussi il ne s'agit peut-être pas de décourager le *part-time* en tant que tel: il correspond à des fonctions d'équilibre fondamental de la société rurale, de simplification des structures commerciales; il s'agit plutôt de le réduire aux exigences de consommation des familles ouvrières.

Dans ce domaine, un emploi intelligent des différentes indemnités d'abandon récemment approuvées par les Parlements européens pourrait être fort utile. La France a le grand mérite d'avoir inventé l'"IVD" (indemnité viagère de départ) et de l'avoir appliquée de façon vraiment remarquable, avec presque un million et demi d'hectares déjà transférés. Mais dans les pays qui n'ont pas encore approuvé une loi analogue, je pense que les Parlements pourront examiner les possibilités suivantes, avec de bons résultats:

(1) de ne pas faire dépendre la concession d'une indemnité d'abandon de l'âge du cultivateur. Quand un agriculteur âgé cède la terre à un agriculteur plus jeune (mais pas à son fils, et là il s'agit encore d'un point à discuter) la concession de l'indemnité est justifiéé par

l'impulsion productive plus grande qui a lieu sur les terres qui passent à des personnes ayant des énergies toutes fraîches. L'on peut pourtant assister à des cas où la concession est justifiée simplement par la contribution donnée par la personne qui cède son terrain à l'amélioration des structures foncières, contenant la poussée à l'élévation du marché. Voilà pourquoi la décision des gouvernements néerlandais et belge de concéder une indemnité d'abandon à partir des 40 et des 50 ans respectivement, semble raisonnable. Intéresser à l'exode des personnes encore jeunes, dans les zones où le marché foncier est congestionné, signifie en outre faciliter l'intégration de celui qui reçoit une indemnité viagère de départ dans d'autres activités de production. L'on sait que l'un des plus gros problèmes de notre civilisation consiste à assurer la reconversion productive de ceux qui ne sont plus très jeunes;

(2) de se servir de façon conséquante de l'indemnité d'abandon comme d'un moyen pour régler le marché foncier. Ceci en élevant, ou en abaissant les primes d'abandon dans les localités ou dans les conjonctures les plus opportunes. Si je ne me trompe, un syndicaliste agricole français, Debatisse, a récemment parlé du reste, d'une "régionalisation de l'I.V.D.". Dans cette perspective, il est probable que, dans les zones de grande tension, là où le marché recourt déjà à la cession de surfaces, le *part-time* se réduise au minimum; non pas en tant que nombre de cas, mais en tant qu'ampleur de superficies.

Il faudrait mentionner à part, les coopératives pour la gestion en commun de la terre. J'ai sous les yeux le statut type des GAEC publié par le *Journal Officiel* de la République Française (20 mars 1966). Il est extrêmement passionnant de voir l'intérêt extrême qui s'est manifesté pour cet argument dans le pays d'Emile Zola. N'est-ce pas Zola, en effet, qui a préconisé dans *La Terre* paru en 1887, un mouvement spontané des paysans français qui, déçus par les mythes de la petite propriété, auraient, un jour, spontanément donné la terre à des organisations coopératives? Au bout de 80 ans l'utopie s'est réalisée. Le nombre des cas est risible; mais il est quand même significatif, parce que l'on sait qu'un grand nombre d'autres cultivateurs seraient prêts à suivre cet exemple. Ce qui les effraye ce n'est pas tellement l'idée d'adhérer à une coopérative qui annulera leur autonomie de décision, leur souveraineté d'entreprise. Ce qui les effraye c'est la crainte de ne plus pouvoir en sortir, ou d'en sortir endommagés. En effet, l'article 9 du statut type (cession de parts d'intérêt) et les articles 22-24 (retrait, exclusion, dissolution, liquidation) sont loin d'éviter toute perplexité. L'on y parle de *juste prix;* d'une éventuelle impossibilité de récupérer son propre apport de capital foncier en nature; d'une longue période nécessaire au remboursement, même en argent, des quotes du membre qui se retire: tout ceci fait penser ou à une entente parfaite, ou à l'intervention du magistrat. Les choses ne s'amélioreraient pas, d'autre part, si l'on sortait du schéma de la coopérative et si l'on adoptait le système de la société anonyme: lorsque j'achète les actions d'une grande industrie j'achète aussi la certitude de pouvoir m'en défaire à n'importe quel moment, même en perte. Mais cette certitude manque à l'acheteur des actions de la terre.

Encore une fois, c'est le manque de mobilité du capital foncier qui conditionne la réussite des formules d'action. En tout cas, la création spontanée de coopératives agricoles entre ex-propriétaires individuels constitue une des tentations les plus passionnantes du monde agricole occidental. Créer le "Kolkhose volontaire", réussir à effectuer en toute liberté ce que le stalinisme a essayé de réaliser sans pourtant y réussir; et ceci grâce à l'éducation de longs siècles, reçue à l'école de la propriété individuelle ... Quel affrontement enthousiasmant!

Sous un angle plus réaliste et plus général, il faut, en tout cas, reconnaître que les lois souhaitées pour la réutilisation des terres d'exode ne doivent peut-être pas intéresser forcément — bien que cela soit toujours préférable — l'aspect juridique du régime foncier, la propriété: elles peuvent dans de nombreux cas se limiter à favoriser une structuration renouvellée de l'exploitation. L'exemple grec nous invite à réfléchir de façon utile sur le fait qu'un grand nombre d'émigrants insistent pour ne pas se défaire de leur petits champs afin de ne pas se priver de la sécurité future, au coût de laisser la terre en friche. Troubler cette certitude de pouvoir toujours retourner sur sa propre terre serait une grave erreur parce que dans des zones où il est encore nécessaire de réduire la population, l'on risquerait de décourager l'exode, et non pas de le stimuler. D'ici l'importance de ces accords tacites ("contrats de gardiennage" c'est ainsi qu'on les appelle dans l'Italie du Sud) dont nous avons entendu parler et qui sont pris en général entre parents. D'où, encore (pour des pays comme l'Italie qui n'ont pas eu le courage de procéder, comme l'Espagne, la France et la Grèce à un massif programme de remembrement foncier) l'espoir d'obtenir *de facto*, sur le plan de l'exploitation plutôt que sur celui de la propriété, des résultats plus ou moins comparables.

Sans aucun doute, lorsque l'on lance une politique de restructuration foncière, le politicien devra être cohérent, afin de cueillir tous les aspects positifs de l'exode. Mais cette cohérence de fond doit aussi comprendre le recours à des instruments polyvalents. Les credits pour l'achat qui inévitablement poussent à la hausse du prix de la terre, sont destinés à coexister avec les primes de abandon qui, stimulant l'offre de terre, poussent à l'abaissement sur le marché foncier. Ainsi les initiatives très importantes d'assistance à l'exode afin de faciliter l'intégration dans le monde industriel et pour l'emploi des jeunes qui ne désirent plus travailler la terre, sont destinées à coexister avec d'autres initiatives qui sont en mesure de faciliter les jeunes qui ont une vocation agricole et leur permettre de rester sur la terre. Je suis heureux que le rapport espagnol ait soulevé le problème de la succession, dans le sens d'une attribution préférentielle du terrain à un seul héritier. Il faut pourtant aider cet héritier à racheter la terre. D'où en Italie, l'initiative d'un "prix de fidélité" qui doit être donné aux aides familiaux qui restent dans l'exploitation pour servir leur père, prix qui leur est payé par les autres héritiers au moment de l'ouverture de la succession. Quelque chose de ce genre existe déjà en France, avec l'institution du *salaire différé;* mais le projet de loi italien, présenté récemment aux Chambres, revêt peut-être des aspects plus radicaux. En effet, l'impossibilité de recourir à une formule de contrat claire et simple comme la formule française du *salaire pour ouvrier logé et nourri* nous a obligé à recourir à un nouveau paramètre de récompense: et à le trouver dans la valeur même du fond que la présence de l'aide a contribué à maintenir. Pour chaque année de service dans l'exploitation, l'aide ou sa femme, devraient recevoir 3% de la valeur du terrain.

Il est souhaitable que le Parlement italien approuve au plus tôt cette loi qui tend à ralentir non pas le volume de l'exode mais plutôt l'exode des meilleures forces de travail: en mettant une limite à la sélection négative que les rapporteurs nationaux ont tous indiqué, de commun accord, comme étant une conséquence de l'exode.

CONCLUSIONS

Etant donné que nous ne sommes pas des politiciens, mais des experts, la première politique que nous devrions suivre serait de tracer un programme d'études. Je ne puis m'empêcher d'indiquer quelques points qui me semblent être prioritaires en tant que thème de nos recherches.

Le *premier point* est le *Lien entre les structures démographiques et les structures foncières.*

La France a approuvé en 1962 la loi complémentaire avec les dispositions sur l'I.V.D., sachant quels étaient les propriétaires âgés d'exploitations mais — si je ne m'abuse — sans savoir combien de terre serait arrivée sur le marché, avec des échéances qui pouvaient être prévues, à cause de la mort ou de la vieillesse d'un titulaire sans héritiers: bien que le recensement de 1955 ait déjà clairement découvert le rapport inversement proportionnel, entre âge des titulaires d'exploitation et grandeur des exploitations mêmes.

Une enquête effectuée sur 3.000 exploitations de la province de Milan, a permis de constater une tendance analogue: plus une famille de cultivateurs est vieillie, moins elle est nombreuse. Cette constatation, appliquée aux résultats de l'enquête "Familles sans jeunes", effectuée par la Federazione Coltivatori Diretti, a permis à l'Instituto Nazionale di Sociologia Rurale de calculer que non moins de 3 millions d'hectares sont disponibles en Italie, grâce à l'application d'une loi du genre de l'I.V.D. Autrement, l'offre (spontanée) de terres sur le marché pourrait ne pas dépasser un million ou un million et demi d'hectares et probablement il s'agirait des terrains les moins bons. Je cite ces résultats afin de souligner l'opportunité d'exploiter à fond les sources statistiques représentées par la prévoyance sociale agricole.

Le *deuxième thème* est *le coût des reconversions structurelles.* Aussi bien dans le cadre de l'action publique que dans celui de l'initiative privée. L'on pense trop souvent qu'il suffirait de relier un terrain abandonné à un autre terrain, où le cultivateur est resté, pour obtenir sur les deux propriétés la même production qu'auparavant et la distribuer à une force de travail réduite. Mais cela n'en est pas toujours ainsi, et le Prof. Enzo Giorgi a montré, en illustrant certains cas toscans,[9] que quelquefois, pour assurer une production pro-capita plus élevée aux unités de travail qui restent, il faut affronter de coûteux programmes de reconversion structurelle: par exemple sur les terrains couverts d'oliviers.

Le *troisième thème* est constitué par *le Rapport entre le volume de l'exode et le progrès d'une mentalité favorable au remembrement foncier* au sein de la population rurale.

S'agit-il d'une fonction presque ininterrompue et, au fur et à mesure que l'exode augmente, les possibilités de regroupement augmentent-elles aussi, ou bien nous trouvons-nous face à une courbe, et, au delà d'une certaine quantité d'exode l'on n'a plus le stimulant au remembrement? Encore serait-il nécessaire d'approfondir l'étude sur les formules d'action de la restructuration foncière: même par rapport aux initiatives des associations professionnelles. Sociétés par actions (S.A.I.F.) qui peuvent être traîtées comme de véritables *Bourses foncières*, ou simple publicité des mises en vente, avec possibilité d'intervention publique afin d'établir un plafond sur les prix? Questions à peine prises en considérations en pratique ou même en théorie, souvent.

Enfin, pouvons-nous considérer comme satisfaisante la connaissance des modèles nationaux de l'exode agricole? Nous sommes

[9] E. Giorgi, "La ristrutturazione fondiaria" en *La Bonifica intégrale* (octobre 1966).

tous d'accord que ce modèle est caractérisé par la présence de facteurs sélectifs. Mais si la sélection se manifeste avec des caractéristiques assez pareilles, en ce qui concerne l'âge (les jeunes partent, les vieux restent) l'on ne peut pas en dire autant en ce qui concerne la condition sociale (exode des salariés, exode des indépendants) ou le sexe. Pour l'Italie et la Yougoslavie nous parlons de "féminisation" de l'agriculture. Mais pour la France l'on parle d'augmentation de l'élément masculin, et pour l'Espagne l'on a avancé des doutes à ce propos. Il s'agit de contradictions que l'on ne trouve pas uniquement dans la zone méditerranéenne. Même sur les bords du Rhin nous voyons une augmentation relative de l'élément féminin dans l'agriculture allemande alors qu'en Hollande c'est l'élément masculin qui augmente le moins vite.

Approfondir ces recherches et les autres recherches que mes collègues voudront ajouter à cette liste est le meilleur des moyens pour maintenir vivant l'esprit de ce colloque.

2

CARLO AIELLO

L'AMENAGEMENT DE L'EXPLOITATION AGRICOLE DANS LES ZONES D'EXODE RURAL: ITALIE

1. DEVELOPPEMENT ECONOMIQUE ET DEVELOPPEMENT AGRICOLE EN ITALIE

Le processus d'adaptation structurale qui caractérise l'agriculture italienne depuis une décennie, sinon davantage, doit s'inscrire dans le cadre plus vaste et plus général du développement économique du pays entier, si l'on désire parvenir à une explication logique de la nature, de la cadence et des implications économiques et sociales qui lui sont propres.

Dans l'espace de dix ans seulement (de 1955 à 1965) l'agriculture italienne a augmenté son revenu à un taux de 2,5%,[1] tandis que le taux annuel moyen du produit national brut se chiffrait à 6,8%. La position relative du secteur agricole était ainsi rectifiée, compte tenu du fait que sa contribution à la formation du produit brut passait de 16,6% à 12,4%.

Dans cette période, la population active agricole s'aménuisait, en passant de 8.250.000 effectifs en 1951 à 5.657.000 effectifs en 1961 et à 4.950.000 travailleurs agricoles en 1965. Ce phénomène a atteint ses valeurs les plus élevées dans les années de 1958 à 1963.[2]

D'après le programme quinquennal de développement économique de notre pays que le Parlement a approuvé tout récemment, dans les cinq années courantes (de 1966 à 1970) l'accroissement économique devrait se poursuivre à un taux de 5%, le produit agricole net devrait augmenter à un taux de 2,85% par an, et la

[1] Produit et revenu brut calculés aux valeurs constantes de 1963.

[2] Les premières évaluations ayant trait à l'année 1966 ramènent la population active agricole à 4.660.000 effectifs.

population active agricole devrait se réduire encore de 600.000 unités, pour se situer autour de 4.350.000 effectifs.

Afin que ce processus de décongestionnement du secteur agricole, indiqué par les chiffres sus-mentionnés, puisse accomplir son évolution, il est indispensable que:

— l'essor de la production industrielle ne se ralentisse pas par rapport à la période 1960-1965, voire s'élève au taux de 7% par an;
— l'accroissement du secteur tertiaire et des services se poursuive à un taux de 4% au minimum;
— que cela entraîne une démande accrue de travailleurs dans les secteurs extra-agricoles, et la création d'au moins 1.400.000 emplois nouveaux.

Dans le domaine de l'agriculture, l'effort de développement ne doit pas viser au premier chef à maximiser le produit brut et net (à savoir, l'objectif qui a inspiré la politique agraire au debut des années 50), mais plutôt a maximiser la productivité du facteur travail, grâce a une adaptation générale et progressive de notre structure de production agricole.

Si l'on veut rapprocher la rétribution par employé agricole des niveaux de rémunération des autres secteurs qui connaissent un développement plus intense et plus rapide, il importe que dans les années de 1966 à 1970 le revenu par employé agricole s'élève tout au moins de 47% à 52% du revenu moyen des travailleurs des autres secteurs. Le point d'équilibre du système, à savoir l'arrêt de ce mouvement d'exode agricole, ne pourra donc être atteint qu'à la fin de la décennie 1971-1980, lorsque le rapport existant entre les revenus agricoles et les revenus extra-agricoles sera de l'ordre de 70%.

Jusqu-à 1962-1963 l'exode agricole était essentiellement un phénomène de décongestionnement de la population active surabondante par rapport aux besoins réels du secteur agricole. Il n'a entraîné l'affaissement du niveau de production que dans les zones à faible potentiel. Dans les autres zones il a abouti à la conversion des orientations de production, à une mécanisation plus poussée, et au remplacement de certaines cultures et combinaisons de production par d'autres, qui nécessitaient moins de main-d'oeuvre et pouvaient assurer des revenus plus élevés à des niveaux concurrentiels. La main-d'oeuvre, qui, voilà depuis dix ans, était excédentaire, par suite du déséquilibre toujours existant entre la terre et l'homme, dans l'espace de quelques années est devenu un facteur de limitation dans les orientations de la production et dans les choix des entrepreneurs.

Le nouveau rapport ainsi établi entre l'offre et la demande de main-d'oeuvre était suivi par un "saut qualitatif" dans l'évolution de notre agriculture, qui a stimulé le processus de rationalisation de la production qui vient de se déclencher. Aussi les cultures sont-elles implantées dans les zones où elle trouvent notamment l'environnement le plus favorable, du point de vue technique et économique.

De plus, grâce au décongestionnement démographique de l'agriculture et à la spécialisation de la production, l'économie de subsistance, typique de la plupart des exploitations mixtes de moyenne colline et de montagne, s'est transformée graduellement en une économie à vocation plus nettement commerciale; caracterisée par des structures plus simples.

Nul doute que ces phenomènes de grande envergure ne sont qu'aux débuts; on envisage qu'ils vont s'échelonner dans une période de 20 ans au moins. La première phase, de 1961 à 1970, sera caractérisée par le décongestionnement démographique, par le début de la réorganisation et par l'évolution de la production. Quant à la deuxième phase, de 1971 à 1980, elle connaîtra une réduction supplémentaire, ne serait-ce que faible, de la population active agricole.

Le développement de l'agriculture va se traduire par une production plus intensive dans les zones à potentiel plus élevé, par la rationalisation des méthodes de conduite dans les zones à exploitation traditionnelle, et finalement par la diffusion des modes d'exploitation extensive dans les zones à potentiel de production plus faible.

D'autre part cette évolution ne sera pas un effet automatique de l'essor économique du pays dans son ensemble et de l'accroissement des secteurs d'activité extra-agricoles susceptibles d'attirer et d'absorber les travailleurs agricoles. La libéralisation graduelle des marchés va jouer un rôle important, du fait qu'elle permettra la libre concurrence des agricultures de la Communauté, et en stimulera par là l'intégration économique et la réorganisation.

Et c'est justement la politique économique du pays, visant essentiellement à atténuer les disparités sectoriales et territoriales, qui doit assurer un transfert bien agencé de capitaux des secteurs extra-agricoles à l'agriculture, afin de permettre l'aménagement de sa structure en des délais raisonnables et à des conditions acceptables et valables sur le plan économique.

Notre préambule était nécessaire pour bien cerner les problèmes inhérents à l'exode et à l'adaptation de l'appareil productif qui est en même temps la cause et l'effet du phénomène en question.

2. ASPECTS ET PORTEE DE L'EXODE AGRICOLE

La population active agricole dans ces processus d'évolution de l'économie témoigne d'une mobilité professionnelle, et d'une mobilité territoriale également. Il y a lieu donc de préciser que nous avons toujours parlé ici d'exode agricole et non pas d'exode rural. *Autrement dit, l'activité agricole était désertée par:*

2.600 000	ouvriers	agricoles	entre 1951 et 1960
700.000	„	„	entre 1961 et 1965
3.300.000	„	„	

On envisage encore que 600.000 travailleurs vont quitter l'agriculture entre 1966 et 1970.

Mais à ce véritable exode agricole on doit encore ajouter les jeunes gens issus de ménages d'agriculteurs, qui affluent dans les secteurs extra-agricoles, et dont le montant se chiffre déjà à quelques 1.100.000 unités. Au grand total, le nombre d'ouvriers qui dans la période 1951-1965 ont déserté l'agriculture pour travailler en d'autres secteurs s'élève à 4.400.000-4.500.000 unités. *En quelle proportion cette population agricole a-t-elle changée de résidence, en plus de changer de secteur d'activité?* Notre réponse ne peut se fonder que sur une comparaison entre les données des deux recensements, de 1951 et de 1961, pour signaler — ne fût-ce qu'à titre d'orientation — une tendance qui pourrait être calculée, avec la précaution nécessaire, aussi pour les années suivantes.

Face à une réduction de la population agricole de 2.600.000 effectifs (exode agricole), les communes que la statistique définit comme rurales (soit 7.000 sur 8.000 communes du pays entier) ont accusé une contraction de 600.000 unités. Il y est des phénomènes contrastants qui s'enchevêtrent et s'annullent réciproquement; il est évident que l'analyse des événements de cinq années suivantes pourrait rectifier sensiblement cette proportion. N'empêche que l'exode agricole et l'exode rural ne s'identifient pas sur le plan quantitatif dans l'ensemble des communes en question. On dirait ainsi que ceux qui désertent l'activité agricole sont embauchés dans leur même commune, pour des activités extra-agricoles, ou bien dans des communes avoisinantes de la même region, ou au-dehors de leur région (dans le cas spécifique de l'Italie, surtout au Nord et dans le Centre), en des communes où le caractère rural est toujours important, sinon dominant. Seule une fraction très réduite d'ouvriers agricoles s'attache directement à des activités extra-agricoles dans les centres urbains.

Il arrive plus fréquemment que le courant de migration aux centres urbains est alimenté par la masse des sousemployés non agricoles, qui de par leur nature accusent une mobilité sociale plus poussée. L'industrie du bâtiment et les petites entreprises commerciales, ce sont là les premiers secteurs "d'atterrissage" de ces catégories d'emigrés.

Une deuxième question peut être la suivante: *Quelles sont les zones qui ont alimenté le phénomène d'exode en plus grande mesure?*

A cet effet nous pouvons utiliser la répartition par territoires élaborée par M. Rossi Doria, les données économiques et démographiques de l'agriculture italienne par zones homogènes comparées aux moyennes des périodes 1949-1951 et 1959-1961.[3] Nos estimations

[3] Les zones dites *montagneuses*, qui couvrent 38 % du territoire agricole du pays, comprennent: les Alpes, les Apennins dans l'Italie du Nord et du Centre, et dans l'Italie du Sud et les îles.

Les territoires dits "*à exploitation extensive*" (soit 17,4 %) couvrent les collines

TABLEAU

Produit net, effectifs agricoles et produit par emplo)

(Evaluation aux pri

Zones	Superficie (en milliers d'Ha)	Superficie %	1959-51 (a) Produit net (en milliards de lires)	Produit net %	Employés (1951) (en milliers)	Employés %	PN/ employés (en millier de lires)
Montagneuses	10.559	38,1	351	16,7	1.703	20,6	206
Cultures extensives	4.840	17,4	288	13,7	1.124	13,6	256
Exploitation traditionelle	6.227	22,5	564	26,8	2.612	31,6	216
Cultures intensives	1.091	3,9	208	9,9	711	8,7	292
Plaines à potentiel élevé	5.035	18,1	691	32,9	2.109	25,5	328
Total	27.752	100	2.102	100	8.259	100	255

(a) Données figurant dans l'étude de m. Rossi Doria "Analyse des zones de l'agriculture italienne par répartition des données régionales (Portici, 1965, ronéc). Enquête menée sur l'initiative de la Commission Nationale pour la planification économique.

élevées du Nord et du Centre, les collines extensives du Latium et de la Toscane, les zones extensives du Sud et des îles ensemencées en céréales.

Les zones "*à exploitation traditionnelle*" (soit 22,5 %) se composent des collines mixtes du Piémont, des collines morcelées du Nord et du Centre, des collines à exploitation mixte du Sud, et des terrains du Midi et des îles à culture spécialisée (vignobles et oliveraies, tout notamment).

Les zones "*à exploitation intensive*" (qui ne constituent que 3,9 % de la superficie globale) comprennent la bande de cultures florales et maraîchères de la Ligurie, les zones intensives de la Vénétie, les vallées de l'Italie Centrale, les cultures fruitières et potagères de la Campanie, de la Sicile et du littoral du Midi continental.

Les "*Plaines à potentiel élevé*" (soit 18,1 %) couvrent les plaines irriguées du Nord (vallée du Pô), les zones morcelées de l'Emile, la plaine de la Vénétia et de l'Emile bonifiée tout récemment et les plaines internes de l'Italie Centrale, la campagne pontine et romaine et toutes les plaines du Midi et des îles où des travaux d'irrigation sont en cours.

Voir "Analyse des zones de l'agriculture italienne par répartition des données régionales" (par les soins de Manlio Rossi Doria), (Centre de spécialisation et de recherches économiques et agraires pour le Midi d'Italie, Portici, 1965).

dans les 5 zones homogènes de l'agriculture italienne
courants en 1961)

1959-61 (a)					1964-66 (b)				
Produit net		Employés (1961)		PN/ employés	Produit net		Employés (1965)		PN/ employés
(en milliards de lires)	%	(en milliers)	%	(en milliers de lires)	(en milliards de lires)	%	(en milliers)	%	(en milliers de lires)
415	15,0	1.076	19,0	386	383	12,0	890	18,0	430
335	12,1	785	13,9	427	383	12,0	644	13,0	595
739	26,6	1.860	32,8	397	813	25,5	1.634	33,0	498
312	11,2	557	9,9	540	399	12,5	520	10,5	767
973	35,1	1.379	24,4	706	1.212	38,0	1.262	25,5	960
2.774	100	5.657	100	490	3.190	100	4.950	100	644

(b) Les chiffres relatifs au produit net et aux employés dans les 5 zones sont les résultats de notre élaboration à nous.

et nos évaluations poursuivent cette répartition jusqu'à 1965, et des prévisions sont formulées jusqu'à 1970. Le Tableau 1 représente justement le résultat de ce travail.[4]

Le Tableau 2 fait ressortir nettement que l'exode agricole n'est pas un phénomène qui se cantonne dans les zones à faible potentiel de production (à savoir, dans les montagnes et dans les collines extensives). Il s'agit, bien au contraire, d'un phénomène d'ordre général qui a affecté toute l'agriculture italienne dans son ensemble. Au cours de la décennie 1951-1960, l'exode agricole annuel moyen était de 3,2% des effectifs: la cadence de l'exode n'accuse pas de différence marquée entre les zones montagneuses (−3,7%), les zones à exploitation traditionnelle (−2,9%) et les plaines susceptibles d'une production élevée (−3,5%). Ce n'est que dans les 5 années suivantes, de 1961 à 1965, que l'exode est caractérisé par

TABLEAU 2

Taux annuels moyens de variation du produit net et de la population active dans l'agriculture italienne

Zone	Produit net (a)		Population agricole active		Produit net par employé (a)	
	decennie 1951/60 (b)	quinquennalité 1961/65 (c)	decennie 1951/60 (b)	quinquennalité 1961/65 (c)	decennie 1951/60 (b)	quinquennalité 1961/65 (c)
Zones montagneuses	1,8	−1,5	−3,7	−3,5	8,7	2,3
Collines extensives	1,6	2,9	−3,0	−3,6	6,7	7,9
Exploitation traditionnelle	3,1	2,0	−2,9	−2,4	8,4	5,1
Cultures extensives	3,3	5,6	−2,2	−1,3	8,5	8,4
Plaines susceptibles d'une production élevée	4,1	4,9	−3,5	−1,7	11,5	7,2
Italie dans son ensemble	3,2	3,0	−3,2	−2,5	9,2	6,3

(a) Aux pris constants de 1961
(b) Données tirées de l'enquête de M. Rossi Doria
(c) Notre élaboration.

une cadence, une nature et des tendances différentes selon les grandes zones homogènes de l'agriculture italienne. Dans les zones montagneuses (—3,5%) et dans les collines (—3,6%) l'exode se poursuit à un taux plus élevé que la moyenne italienne de la période en question (—2,5%). Dans les zones traditionnelles le phénomène se chiffre à —2,4%, et finalement dans les zones à culture intensive et dans les plaines il se réduit considérablement (soit, taux de −1,3% et de −1,7% respectivement). Ce sont justement ces dernières zones qui connaissent les accroissements les plus évidents du produit agricole net, du fait que les ressources productives susceptibles d'une valorisation plus poussée sont ici disponibles en plus large mesure que dans les autres zones.

TABLEAU 3

Hypothèse de développement de l'agriculture italienne dans la période 1966-1970
(évaluation aux prix courants en 1965)

Zones	1965 (notre évaluation)					1970 (prévision)					Taux de variati moyenne (1970 par rapport à 1965)		
	P.N.		Employés		PN/employés (en milliers de lires)	P.N.		Employés		PN/employés (en milliers de lires)	P.N.	Em-ployés	P.N./ employés
	en milliards de lires	%	en milliers	%		en milliards de lires	%	en milliers	%				
Montagneuses	463	13,0	890	18,0	520	451	11,0	696	16,0	648	−0,5	−4,4	4,9
Cultures extensives	392	11,0	644	13,0	609	451	11,0	544	12,5	829	3,0	−3,1	7,2
Exploitation traditionelle	892	25,0	1.634	33,0	546	1.025	25,0	1.435	33,0	714	3,0	−2,4	6,2
Cultures intensives	463	13,0	520	10,5	890	574	14,0	500	11,5	1.148	4,8	−0,8	5,8
Plaines à potentiel élevé	1.355	38,0	1.262	25,5	1.074	1.599	39,0	1.175	27,0	1.360	3,6	−1,4	5,3
Total	3.565	100	4.950	100	720	4.100	100	4.350	100	940	2,9	−2,4	6,1

Il s'ensuit que le produit net par employé s'accroît à un taux de 8,4% dans les zones à culture intensive et de 7,2% dans les plaines, face à un taux de 2,3% dans les terrains montagneux de 5% dans les zones à exploitation traditionnelle.

Sur la base d'une hypothèse générale de développement agricole, le Tableau 3 indique notre prévision relative au comportement différent des 5 zones fondamentales de l'agriculture italienne d'ici 1970.

Les résultats les plus intéressants sont les suivants:

— Si le taux annuel moyen d'augmentation du produit agricole net doit s'élever à 2,85%, il est bon de considérer que la montagne ne pourra y contribuer nullement, et que le maintien du niveau de production actuel est déjà un résultat des plus positifs. Le taux devra rester à 3% dans les collines et monter à 4,8% dans exploitations intensives et à 3,6% dans les plaines.

— Tant en pourcentage qu'en valeurs absolues, la plus grande partie des 600.000 ouvriers agricoles dont on envisage l'exode dans la période 1966-1970 seront originaires des zones d'exode typiques, les collines et les montagnes.

— La réorganisation de l'agriculture devra se réaliser essentiellement dans ces dernières zones et dans celles à culture traditionnelle, si l'on veut éviter que la diminution de la main-d'oeuvre entraîne la contraction de la production. S'il n'en est pas ainsi, on risque de ne pas atteindre notre objectif (élever le rapport produit/employé, et enrayer ainsi l'exode dans une situation d'equilibre partiel du système). La solution des problèmes qui en découlent s'éloignerait alors de plus en plus.

Le tableau dressé ci-après indique *l'importance que le phénomène d'exode* a assumée dans les 15 dernières années dans les 5 zones de l'habitat rural, et aussi les prévisions d'ici 1970.

C'est là l'ampleur du phénomène d'exode qui a caractérisé la population active de l'agriculture italienne dans les vingt ans en question, en la réduisant de 8,2 à 4,3 millions d'effectifs. Pour bien poser les problèmes de l'aménagement de l'agriculture, il faut encore tenir compte de l'influence que ce phénomène exerce sur la *composition et la structure de la population agricole* qui reste dans

TABLEAU 4

Importance du phénomène d'exode agricole et prévisions d'ici 1970

(en milliers d'unités)

Zones	1951/60	1961/65	1966/70 prévision	Total
Montagnes	627	186	194	1.007
Collines extensives	339	141	100	580
Zones à exploitation traditionnelle	752	226	199	1.177
Zones à culture intensive	154	37	20	211
Plaines à potentiel élevé	730	117	87	932
Total	2.602	707	600	3.909

cette branche d'activité. On vise par là les phénomènes bien connus d'augmentation massive de la proportion des femmes et des vieillards dans la population agricole, qui suivent infailliblement le décongestionnement démographique. Le potentiel effectif de travail est ainsi réduit considérablement, et la capacité d'entreprise de la classe agricole est sérieusement compromise, et cela précisément à la veille d'un processus d'évolution de l'orientation et des techniques de production, dont le succès est clairement conditionné par la capacité professionnelle des hommes d'affaires. Quelques données suffisent à suggérer l'ampleur des phénomènes en question.

La population agricole active au-dessous de 25 ans et au-dessus de 45 ans respectivement a accusé les modifications suivantes:

Années	% au-dessous de 25 ans	% au-dessus de 45 ans
1931	34,8	33,3
1951	32,1	31,3
1961	19,2	33,3
1965	15,2	37,2

Le phénomène du vieillissement de la main-d'oeuvre agricole est d'autant plus grave, du fait qu'il réduit le potentiel de travail dont peut disposer l'agriculture, et particulièrement qu'il comporte la formation de trop nombreuses familles de paysans désormais abandonnées par les jeunes gens. C'est là le résultat inquiétant d'une enquête menée par la Fédération des Caisses Mutuelles des Propriétaires Exploitants.[5]

[5] Voir Corrado Barberis, "Population agricole et société rurale", Rapport présenté à la Réunion Nationale d'étude organisée par la Confédération Nationale des Propriétaires Exploitants, 1967, Rome, R.E.D.A.

Au début de 1965, quand cette enquête était poursuivie, 45% seulement des familles des paysans disposait d'un membre actif au-dessous de 50 ans. Un des problèmes qui se posent dans les 15 ou 20 prochaines années consiste donc à faciliter le transfert de cette offre potentielle (de l'ordre de 3 millions d'hectares) soit à des exploitants propriétaires qui désirent élargir la base de leur ferme, soit à des ouvriers agricoles qui aspirent à devenir des exploitants eux aussi.

La "féminisation" de la population agricole provoquée par l'exode est également un phénomène de grande envergure. L'incidence des femmes sur la main-d'oeuvre agricole n'a cessé de s'accroître:

Annees	% femmes
1931	19,0
1951	24,6
1961	26,6
1965	31,6

Au cours de la décennie 1951-1961 le nombre des femmes employées dans le secteur agricole a diminué plus lentement que celui des hommes (—26% par rapport à —33,4%). Cette évolution différente s'est poursuivie dans les années 1961-1965 également, qui ont accusé une réduction de 25% parmi les femmes et de 30% parmi les hommes.

La population agricole active a connu aussi un processus de *méridionalisation*, du fait que la proportion des ouvriers agricoles résidant dans le Midi d'Italie a monté de 39% en 1931 à 46,3% en 1951 et à 50,7% en 1961. Dans les 5 dernières années le phénomène révèle une tendance différente, étant donné qu'en 1965 moins de 45% de la population active agricole résidait effectivement dans le Midi, c'est-à-dire dans les régions qui ont alimenté dans ces dernières années la partie la plus importante du courant de migration, en liaision avec le phénomène d'exode agricole.

Nous avons parlé ici d'ouvriers affectés à l'agriculture et de la population active employée dans ce secteur. Mais *combien de gens vivent exclusivement ou essentiellement des revenus de l'agriculture?*

Si l'on désire des données récentes (1966) et assez probantes, il est bon de considérer le nombre des ménages et des membres des familles figurant dans les listes des bénéficiaires de la sécurité sociale, aux termes des lois en vigueur à l'heure actuelle:

Patrons et main-d'oeuvre familiale des conducteurs directes	5.000	mil.
„ „ „ „ Métayers et fermiers	1.300	„
„ „ „ „ Salariés agricoles	3.400	„
„ „ „ „ Co-propriétaires	300	„
	10.000	mil.

Ce sont au total 10 millions de personnes, actives ou non, soit travailleurs soit consommateurs, qui gravitent à présent dans le secteur agricole. Elles participent directement au processus de production agricole, ou bien vivent du produit de l'exploitation: ce qui leur permet de bénéficier de l'assistance mutuelle et de la sécurité sociale.

Pour ce qui tient particulièrement aux exploitants agricoles (propriétaires exploitants), une catégorie qui représente plus de 50% de la population active dans les quatre répartitions géographiques de l'Italie, les variations suivantes se sont produites entre 1961 et 1966:

TABLEAU 5

Ménages et main-d'oeuvre familiale des exploitants agricoles entre 1961 et 1966

(en milliers)

Circonscriptions	1961		1966		Variation %	
	Ménages	Main-d'oeuvre familiale	Ménages	Main-d'oeuvre familiale	Ménages	Main-d'oeuvre familiale
Nord	872	3.099	790	2.471	−10,5	−20,2
Centre	261	923	243	750	− 7,1	−18,7
Sud	493	1.761	445	1.366	− 9,6	−22,4
Iles	185	621	153	462	−17,4	−25,6
Italie	1.811	6.404	1.621	5.049	−10,5	−21,2

Il suffit d'observer l'importance différente des Variations % relatives aux ménages et à la main-d'oeuvre familiale au cours des six dernières années, pour voir clairement que l'exode agricole est dû essentiellement au déplacement des membres isolées des familles paysannes, plus qu'au deplacement des familles entières. Dans l'espace de six ans les membres isolés se sont réduits de 21,2% par rapport à —10,5% seulement des familles elles-mêmes.

Ces données viennent étayer toutes nos considérations précéden· tes. En principe, *L'exode agricole italien a entraîné une réduction des membres des familles paysannes dans les noyaux existants*, et il n'a provoqué que sporadiquement un véritable abandon de la ferme, le transfert de la propriété en mains tierces, et, encore plus rarement, la cession à bail de l'exploitation.

Il s'agit, dans la presque-totalité des cas, d'un simple "allégement" des plaines à potentiel élevé et des zones à culture intensive. Dans les zones à exploitation traditionnelle mixte et dans les zones à culture extensive on dirait que jusqu'à ces jours le phénomène "d'allégement" de la population active l'emporte sur le phénomène de l'abandon de la terme. Les données relatives à l'Apennin de l'Emile et de la Toscane au cours de la dernière décennie sont là pour corroborer notre conviction.[6]

A la montagne, et dans l'Italie du Sud tout notamment, l'exode a une physionomie à lui, du fait qu'il n'a entraîné des phénomènes d'abandon qu'en mesure essez faible. Par ailleurs, ce n'est que dans les années 1961-1965 que la production commence à accuser une certaine contraction, évaluée à un taux annuel de 1,5%. Encore plus qu'à des véritables abandons, cette diminution tient à l'emploi de méthodes de production extensive, à la rationalisation de l'organisation, et à la réduction des cultures destinées à satisfaire les besoins d'autoconsommation.

Certes, de véritables "tronçons" de noyaux familiaux, dans lesquels la proportion des femmes, des vieillards et des hommes adultes est importante, demeurent encore à la campagne. Cela

[6] Voilà les chiffres des fermes abandonnées, sur une superficie de 1.736.000 hectares: seulement 792 en 1950; déjà 3379 en 1955; quelque 10.000 en 1962; 12.000 environ en 1966, ayant trait à une superficie calculable en 200.000 hectares. 40% de cette superficie à été absorbé par d'autres exploitations limitrophes, 30% est utilisé sous un régime extensif techniquement valable mais assez précaire du point de vue juridique (baux ruraux à court terme), et 30% est complètement abandonné (Voir le Rapport général du Prof. Enzo Di Cocco à la Conférence sur l'Apennin tosco-émilien, tenue le 4 février 1967 à Bologne).

indique que l'évolution vers des modes nouveaux d'exploitation du sol n'est qu'à ses débuts.

Dans la plupart des cas, les cultures qui nécessitaient un emploi considérable de main-d'oeuvre (cultures fruitières, plantes sarclées) ont été éliminées, de même que l'élevage du cheptel, devenu anti-économique par suite de la pulvérisation des noyaux d'élevage — malgré son rôle de complément de l'orientation de production. Dès lors, l'activité agricole dans des zones où la main-d'oeuvre s'est raréfiée met à un son caractère aléatoire, du fait que les méthodes d'exploitation du sol sont encore fort différentes des formes propres à un aménagement définitif qui a atteint son équilibre.

Les emblavages et les pâturages sont aux marges d'utilisation économique, à cause de leur faible rendement et de leur coût élevé. Aussi sont-ils négligés à l'heure actuelle, et il arrive bien rarement de les voir insérés dans des ensembles où leur exploitation extensive et rationnelle serait rentable.

Dans cette phase le marché agricole est languissant: étant donné la faible demande de terrains ainsi que la faible tendance des paysans à les vendre. La propriété familiale ne sera pas libérée, tant qu'un seul membre de la famille demeurera sur place, tant que les remises des émigrés ou des revenus extra-agricoles viendront intégrer, le revenu familial et assurer un redressement des conditions de vie, tant que le déplacement dans une autre branche d'activité ou bien le changement de résidence n'ouvrira des perspectives sûres d'un avenir plus équitable. D'autre part, les prix élevés des terrains, qui ne sont absolument pas justifiés par leur potentiel de production, sont le thermomètre de la situation actuelle.

Il en est différemment pour les exploitations grandes, moyennes et petites de propriété de la bourgeoisie, qui s'est révélée plus sensible aux modifications de la réalité économique et sociale de ces milieux. Les bourgeois ont vendu leurs domaines, ou bien ont amorcé, grâce aussi à l'intervention de l'Etat, une transformation de l'orientation de la production pour réaliser des méthodes aussi rentables que valables, qui permettent surtout d'économiser de la main-d'oeuvre. Les paysans peuvent accéder à cette propriété grâce à l'intervention de l'Etat en faveur de la formation de la propriété paysanne, ou bien doivent puiser aux épargnes qu'ils ont accumulées après des années de travail opiniâtre dans des secteurs extra-agricoles (oeuvres publiques ou bâtiment), à l'intérieur ou même au-dehors de leur région.

3. LES REPERCUSSIONS DE L'EXODE

3.1. *Sur l'orientation de la production*

Nulle espèce de doute qu'une contraction si brusque de la population active agricole nécessitera, à la longue, une révision radicale des orientations de la production, tant dans les zones que nous définirons "en déclin" que dans les zones "à exploitation traditionnelle" et de "développement de production".

Dans les zones "en déclin", l'abandon de la terre pose le problème de son utilisation, en affectant le sol à pâturage ou à reboisement. Pour ce qui tient aux bois et forêts, les interventions visant à la conservation du sol rentrent de plein droit dans la sphère d'action des autorités publiques. A cette exception près, il faut cependant dire ouvertement que ces interventions doivent avoir lieu avec l'apport déterminant de l'Etat mais aussi avec la contribution des propriétaires privés, et uniquement pour des raisons économiques bien fondées. A titre d'exemple, le reboisement par essences à accroissement rapide (eucalyptus et plantes résineuses) pour la production de cellulose dans les collines du Midi, trouve sa justification logique s'il s'inscrit dans des programmes harmonieux et cohérents et qu'il soit affecté à l'approvisionnement de l'industrie du papier.

Abstraction faite de ces cas, le bois joue un rôle naturaliste, de protection des sites, et alors l'intervention publique repose sur des justifications tout à fait différentes.

Quant au pâturage, il importe de définir exactement sa fonction économique. L'élevage du cheptel dans les zones montagneuses n'est possible et rentable que sous forme associée et extensive. Il s'ensuit que l'utilisation des pâturages n'est concevable que pour de vastes étentdues ("demani pastorali"), susceptibles d'un aménagement rationnel, ou bien pour des exploitations assez larges dans lesquelles le pâturage serait le complément de la production de fourrages dans les zones cultivées.

Si ce n'est dans cette optique, j'estime que faire du bois une fin en soi, et souhaiter d'affecter à pâturage toutes les terres labourables laissées en friche est une attitude absolument abstraite.

Dans les zones "en déclin" il convient de mettre en valeur toutes les ressources de production qui pourront intégrer l'économie des pâturages et des forêts: à savoir l'irrigation de certains thalweg et la possibilité d'exploitation rentable des plaines.

Mais c'est notamment l'intégration de l'économie de montagne par l'économie plus développée des plaines industrialisées qui peut garantir la survie de certaines méthodes valables: une pénétration efficace peut assurément jouer un rôle décisif pour atteindre cet objectif.

Toujours dans les zones "en déclin", et notamment dans les zones typiques à culture extensive de céréales, il y a lieu de signaler les résultats probants obtenus par des exploitations à grandes dimensions (de 4 à 500 hectares), caractérisées par un degré élevé de mécanisation et par une spécialisation très poussée. Des exploitations de ce genre ne sont pas nécessairement le produit du remembrement de la propriété foncière: les différentes parcelles ne sont réunies qu'aux fins de la gestion, sans préjudice de l'individualité de chaque propriété. Autrement dit, dans ces formes associées l'apport du fonds agricole est évalué exactement et représente la quote-par que l'actionnaire verse à l'entreprise. Le développement de ces formes associées pourrait être encouragé par des facilités spéciales, pour l'achat des machines agricoles et pour la dotation de ces fonds.

Dans les "zones à exploitation traditionnelle", le problème a trait exclusivement à la conversion des cultures, afin de rationaliser et de spécialiser la production, de moderniser l'arboriculture, de jeter les bases pour un élevage plus rationnel, de répandre la mécanisation chaque fois qu'elle peut être déterminante pour décider si une culture donnée est rentable.

C'est ici peut-être que la réduction de la population active agricole a exercé des effets plus sensibles et plus immédiats, du fait que la modification de l'orientation de la production et les transformations sus-mentionnées s'inscrivent dans le processus naturel de modernisation et d'adaptation de l'exploitation aux conditions variables du marché des produits et des facteurs de production.

"Il Piano Verde" accorde à cette adaptation des facilités particulières en matière de finances et de crédits (contributions et prêts à des taux favorables).

Ce n'est pas tout. Le facteur des dimensions de l'exploitation joue encore un rôle de limitation dans ce processus de réorganisation de l'agriculture. Le marché agıicole peut être ici plus animé que dans d'autres secteurs, compte tenu de l'intérêt de plusieurs exploitants à intégrer la base de leur entreprise. Ici aussi les prix sont encore élevés, et les gens qui ont trouvé des emplois extra-agricoles répugnent à vendre leurs propriétés. Il est donc nécessaire d'attendre que les mesures prises par l'Etat pour encourager la formation de la propriété paysanne et l'élargissement des entreprises (prêts à un taux d'intérêt de 1% pour 40 ans) donnent les fruits désirés. L'autre possibilité consiste à attendre que la gestion d'entreprises à l'orientation assez précaire, exercée en outre par des gens qui s'écartent de plus en plus de l'agriculture, ne puisse plus soutenir la concurrence des entreprises à économie plus évoluée, et que par conséquent ces fermes soient mises en vente à des prix raisonnables.

Le fait est que ces zones aussi traversent une phase critique de transition, qui précède une période à tendances plus nettes, et qui nécessite des interventions publiques plus précises en matière d'assistance technique et financière.

La troisième catégorie, que nous avons définie comme "zones de développement", présente des problèmes de nature fort différente: le phénomène d'exode tend à s'épuiser, alors que la mise en place de structures nouvelles, susceptibles d'intensifier la production, se révèle de plus en plus nécessaire. C'est là un problème de capitaux que seul un mécanisme souple de "crédit contrôlé" et d'intervention de l'Etat saurait fournir. C'est également un problème de formation professionnelle des agriculteurs futurs qui devront faire face à des aménagements nouveaux, fondés sur la spécialisation des cultures maraîchères et fruitières et de l'élevage.

C'est finalement un problème de réalisation de formules valables de coopération de premier, de deuxième et de troisième degré, visant à une transformation et à une commercialisation rentable des produits ainsi qu'à leur valorisation au point de vue commercial. Il est de signaler que dans ces zones la comparaison entre les revenus agricoles et extra-agricoles est des plus évidentes et que leur concurrence mutuelle est des plus serrées, à cause justement de la possibilité d'utiliser les ressources de capitaux et de travail à la fois dans l'agriculture et dans les autres branches d'activité.

3.2. *Sur le régime foncier*

En examinant l'influence de l'exode sur l'orientation de la production, nous avons observé que l'aménagement du régime foncier joue un rôle du tout premier plan. Il se traduit par une modification de la base de l'entreprise elle-même, en plus de la modification des rapports existant entre la propriété, les exploitants et la main-d'oeuvre. Un rationnel transfert de propriété de la terre, des gens qui abandonnent l'agriculture à ceux qui s'y attachent encore, et la création de formes nouvelles d'entreprise agricole: c'est ainsi que l'exode de la main-d'oeuvre agricole, jusqu'ici un facteur de déséquilibre, peut se transformer en facteur d'évolution des structures de production.

Il importe tout d'abord de rendre plus animé le marché agricole (facilités de crédit et allégements fiscaux), de favoriser et d'accélérer la résolution des contrats, des modes juridiques d'exploitation surannés (dans les rapports entre la propriété et l'entreprise), de faciliter l'accès à la propriété des personnes douées des capacités techniques et financières nécessaires, d'orienter par des lois spécialement conçues la transmission de la propriété aux héritiers des familles paysannes qui se consacrent à l'agriculture (moyennant des crédits pour l'indemnisation des co-héritiers émigrés).

Dans les zones affectées par l'élargissement des structures la formule de la société par actions doit être encouragée particulièrement, du fait que l'apport de terres et de capitaux peut représenter un premier pas dans la voie de la libération définitive des propriétés immobilières.

La souplesse de ces formules et leur capacité d'adaptations à des conditions économiques et sociales variables offrent à cet égard des garanties suffisantes.

Pour ce qui tient à la coopération, l'expérience nous apprend à ne pas prétendre des solutions miraculeuses et infaillibles, car les critères et les formules qui peuvent parfois remporter le succès ne pourraient pas pour autant être appliqués à la vaste gamme de situations déterminées par la réduction de la main-d'oeuvre agricole. A l'exception des secteurs classiques dans lesquels la coopération est vraiment utile (à savoir, commercialisation, transformation des produits, achat et emploi de moyens techniques etc.), la gestion associée ne peut réussir que dans quelques autres secteurs tel que la zootechnie (étables sociales) qui s'insère dans le domaine plus vaste de la gestion de pâturages en commun.

Finalement, le développement d'exploitations à mi-temps semble être la formule souvent plus efficace pour intégrer les revenus agricoles par des gains accessoires extra-agricoles. Nul doute que ces formes d'exploitation pourront se développer dans les zones où le progrès industriel affecte une agriculture à orientation traditionnelle désormais bien établie; mais il s'agira toujours d'économies marginales, bien loin d'atteindre des dimensions et une activité appréciable. Ceux qui travaillent dans des secteurs extra-agricoles et ne résident pas dans un centre urbain, mais à la campagne, et exercent avec leur famille une activité agricole limitée à la petite parcelle dont ils peuvent disposer, n'exercent pas une activité agricole au sens propre du terme. L'expérience qui se produit dans les vallées préalpines, dans les plaines de l'Italie Centrale et dans les plaines irriguées du Midi (où sont implantées des concentrations industrielles) indique que dans la quasi-totalité des cas d'exode agricole un ou deux membres de la famille désertent l'exploitation, tandis qu'un autre y demeure. Il arrive parfois que les gains réalisées dans des activités extra-agricoles refluent à la terre et soient utilisés pour élargir la base de l'entreprise ou pour acheter du matériel technique. Il arrive également d'observer que dans les périodes de pointe de l'activité agricole le travail de gens qui ne sont plus des ouvriers agricoles constitue un apport complémentaire utile et précieux. Mais dans l'espace de quelques années, des situations pareilles évoluent, jusqu'à la séparation définitive des intérêts et de la résidence.

C'est justement ici que la législation devrait intervenir et accorder, dans le partage réel de la propriété, une juste "prime" aux héritiers qui sont restés dans l'exploitation et lui ont permis de survivre, grâce à leur propre travail.

4. L'INTERVENTION DE L'ETAT

Toutes les données et les considérations présentées jusqu'ici ont prouvé que l'intervention de l'Etat joue un rôle déterminant pour la réorganisation de l'agriculture dans les zones d'exode.

Cette intervention articulée devra comprendre des mesures législatives, des dispositions économiques et financières et des formes d'assistance technique et sociale, par le truchement d'Offices et d'organismes propres à remplir ces fonctions.

Dans le domaine législatif il est nécessaire de:

(a) procéder à la révision des normes en vigueur en matière de partage de la succession, afin d'assurer des conditions favorables au membre de la famille qui décide spontanément de rester dans l'exploitation;

(b) mettre à l'étude des formules d'intervention de l'Etat pour l'achat ou l'expropriation des terrains laissés à l'abandon, — lorsqu'ils peuvent être remembrés et assurer ainsi la formation de vastes étendues affectées à pâturages et à forêts, ou bien l'établissement d'exploitations extensives pour l'élevage et pour la culture des céréales, ou bien encore lorsque la disponibilité de ces terrains permet d'intégrer des entreprises agricoles préexistantes, mais trop morcelées pour excercer une activité agricole rentable;

(c) créer et mettre au point des instruments financiers (à savoir des Fonds Communs de Garantie) pour assurer des crédits fonciers et agricoles plus larges et plus importants que les seuls crédits hypothecaires;

(d) imposer des obligations de culture dans les terrains montagneux, en vue de les affecter à une production rationnelle qui soit conforme aux exigences de conservation et de protection des sites.

Dans le domaine économique et financier, l'action de l'Etat se déploie depuis quelque temps déjà, moyennant "il Piano Verde", la Loi pour la Montagne et la Loi pour la formation de l'exploitation agricole. Les deux premières lois prévoient des contributions pour l'aménagement foncier (en mesure moyenne 50%) et pour l'achat du matériel agricole et du bétail destinés à la dotation de l'entreprise. En vertu de la troisième loi, des prêts seront accordés au taux de 1% pour 40 ans, en vue de l'achat de terrains de la part des propriétaires exploitants, du remembrement foncier et de l'élargissement de l'entreprise.

Toutes les dispositions sus-mentionnées, pour être efficaces, doivent viser à l'évolution des structures de production vers des types et des modes nouveaux, plus conformes à la réalité économique nouvelle. L'utilisation articulée de ces mesures d'encouragement doit être orientée par les "plans de développement de zone" que la Loi confie aux Organismes régionaux de développement agricole. L'inventaire des ressources de chaque zone et l'évaluation de leur potentiel de production doivent fournir au plan les indications nécessaires pour mettre en valeur ces zones et envisager les aménagements définitifs rationnels et valables qui doivent faire l'objectif de toute modification de structure.

Ces plans examinent également toutes les formes d'intégration que le secteur agricole peut trouver grâce au développement du tourisme, de l'industrie, de l'artisanat, et toutes les formes d'intégration que l'économie de ces zones peut trouver grâce aux contacts avec d'autres territoires et d'autres centres limitrophes. Les rapports entre les centres urbains et ruraux, entre la montagne et la plaine, entre les zones résidentielles et les zones de développement représentent autant de facteurs qu'une planification pareille ne saurait pas ignorer.

Dans le domaine de l'assistance sociale à l'exode il y a lieu d'affirmer qu'une organisation adéquate n'est pas encore disponible, mais que la nécessité en est ressentie à tous les niveaux. Les problèmes qui se posent ont trait à la qualification professionnelle des ouvriers qui quittent l'agriculture, à la libération des propriétés immobilières ainsi qu'à l'utilisation rationnelle des remises des émigrants ou des revenus extra-agricoles qui pourraient contribuer au progrès technologique de l'agriculture.

Une organisation d'assistance capillaire doit assurer tout d'abord un contact entre les paysans qui subissent le processus d'évolution de la structure économique et sociale des zones d'exode, et les milieux politiques et les cadres techniques qui moyennant l'action publique sont chargés de mettre en oeuvre les moyens propres à accélérer et à orienter le processus en question.

C'est justement l'enquête sociologique qui permet de connaître à l'avance la réponse que les classes ouvrières pourront fournir à l'intervention financière et législative de l'Etat. Maintes fois l'échec de cette intervention tient à cette "incommunicabilité", à l'absence d'un contact entre les bénéficiaires de l'action de l'Etat et ceux qui étudient et mettant à effet ces projets.

Nous pouvons donc conclure notre discours en affirmant que l'exode agricole pose des problèmes de grande envergure et complexité, de sorte que leur solution dans l'espace d'une décennie serait inconcevable. Il s'agit de problèmes qui caractérisent une génération toute entière. Programmes d'aménagement des fonds agricoles, intervention de l'Etat dans l'économie, spécialisation des cultures dans les différentes régions: ce sont là les moyens typiques et nécessaires pour apporter l'ordre et la logique dans l'évolution dont nous sommes les témoins. Mais c'est toujours la "politique de l'homme" qui en conditionne le succès.

3

L. G. de OTEYZA

RESTRUCTURATION DES ENTREPRISES AFFECTEES PAR L'EMIGRATION: L'ESPAGNE

1. IMPORTANCE DU PHENOMENE MIGRATOIRE

L'émigration de la campagne vers la ville a acquis ces derniers temps une importance considérable, tant par le volume qu'elle a atteint que par les effets que cette fuite a sur la société rurale elle-même, sur la structure des entreprises et sur l'orientation de la production de tout le secteur agricole.

La disparité des revenus et le contraste des formes de vie entre les habitants de la "ville" et de la "campagne" se sont accentués avec le temps à la suite du développement économique. L'industrialisation caractéristique de tout processus de développement a causé une forte demande d'emplois, ce qui a permis à la population rurale d'opter pour des emplois plus commodes et mieux rémunérés dans des travaux se déroulant hors du secteur agricole. Ce n'a pas été seulement le développement du pays lui-même, mais l'expansion économique des autres pays européens qui ont déterminé et permis que ce courant d'émigration soit aussi fort.

De 1900 à 1960, les chiffres absolus de la population agricole s'étaient maintenus avec une certaine constance, oscillant entre 4,5 et 5 millions. L'accroissement végétatif de l'ensemble de la population en déterminant une augmentation de la population active totale a rendu possible le fait que la proportion de la population agricole par rapport à la population active totale ait considérablement diminuée depuis le commencement du siècle malgré la stabilité des chiffres absolus de la population se consacrant à l'agriculture. En 1900, la population agricole étant d'environ 5 millions, le pourcentage de la population agricole par rapport à la population active totale représentait 69%; en 1960, avec une population agricole un peu inférieure à 4,6 millions, le pourcentage indiqué était tombé a 40%.

Le phénomène migratoire a donc existé en Espagne à partir du commencement du siècle, bien que les chiffres absolus de la population agricole se soient maintenus stables avec de petites variations. Ce sont donc les soldes végétatifs du secteur agricole qui, en augmentant la population active des autres secteurs économiques, ont déterminé la réduction des pourcentages que nous avons cités ci-dessus.

Cependant, à partir de 1960, la mobilité de la main-d'oeuvre acquiert un rythme bien plus accentué. A la suite de cela, il se produit des diminutions importantes dans la population agricole tant en chiffres absolus qu'en pourcentages.[1]

TABLEAU 1
Evolution de la population agricole (1960-1966)

Années	Population active		% agricole/active total
	Agricole	Totale	
1960	4.618	11.521	40.1
1961	4.541	11.694	38.8
1962	4.442	11.877	37.4
1963	4.344	12.053	36.0
1964	3.943	12.195	32.3
1965	3.736	12.275	30.4
1966	3.596	12.403	28.9

En six ans, la population agricole a diminué d'un million de personnes. Le rythme annuel de diminution qui oscille pour les dernières années entre 5,3% (1965 sur 1964) et 3,8% (1966 sur 1965) met en évidence l'importance du phénomène d'émigration, très supérieur aux prévisions faites dans le Plan de Développement économique et social pour la période 1964/67. On établit dans le Plan une diminution annuelle de la population agricole de seulement 1.5%; cependant, à partir de 1963, la population agricole a

[1] Données provenant de la publication du Ministère de travail d'Espagne, "La demande de l'emploi" (1965).

diminué de 750.000 personnes, ce qui représente une baisse de 17%, c'est-à-dire un chiffre très supérieur aux 4,5% prévus dans le Plan.

Malgré la baisse qui a eu lieu ces dernières années, on considère encore que dans certaines régions la population que l'agriculture soutient actuellement est excessive. En effet, le pourcentage de la population agricole sur la population active totale est supérieur à 50% dans beaucoup de provinces espagnoles et le nombre de personnes actives se consacrant à l'agriculture pour 100 hectares homogènes est trés supérieur à ce qui est acceptable.[2] En Galice, par exemple, avec une agriculture qu'on peut considérer en raison des conditions de son milieu, comme analogue à celle des autres pays européens, il existe 93,2 personnes actives pour 100 hectares et dans les Asturies et à Santander, 84,3, mais, même dans des régions ayant des densités de 8,9 personnes actives pour 100 hectares, comme il arrive en Vieille Castille, on peut considérer aussi que la population est excessive si l'on tient compte des limitations qu'offrent les dures conditions du climat et du sol de la haute meseta.

Cependant, ces conditions, cet excès de population agricole qui existe encore dans des régions déterminées, ne constituent pas un obstacle pour qu'on reconnaisse, en termes généraux, qu'une émigration ayant la force de ces dernières années pose une série de problèmes dans le secteur agricole dérivant de la nature et de l'essence mêmes de l'émigration.

En premier lieu, il existe — et cela se marque de plus en plus — une tendance vers une plus grande concentration de la population dans quelques villes et une "désertisation" de zones rurales déterminées où les soldes migratoires sont si défavorables qu'ils déterminent même la vente de villages vides d'habitants. En Espagne, toutes les régions de l'intérieur ont été des terres traditionnelles d'émigrants, c'est-à-dire ayant des soldes migratoires négatifs d'un recensement à l'autre. Dans la période de 1900 à 1930, on pouvait considérer que la moitié septentrionale du pays avait le solde d'émigration le plus fort, sauf le Pays Basque et la Catalogne qui

[2] Arturo Camilleri Lapeyre, "L'influence de la mobilité de la main-d'oeuvre agricole dans l'entreprise agraire". Première réunion d'Etudes de l'Association Espagnole d'Economie et Sociologie Agraire sur "Les problèmes des migrations de la main-d'oeuvre agricole" (Madrid, janvier 1967).

ont toujours été des zones d'immigration.[3] Dans les trente dernières années (1930-1960) on a vu les soldes négatifs des régions méridionales (Andalousie et Extrémadure) augmenter et même dépasser ceux des régions traditionnelles.

Bien que l'aire d'émigration se soit étendue et intensifiée, le même phénomène ne s'est pas produit dans les zones d'attraction qui ont éprouvé l'accroissement correspondant en conservant une grande stabilité pour les lieux d'affluence. Au cours des soixante dernières années, les foyers d'attraction de Barcelona, de Bilbao et de Madrid sont restés inaltérables, ce qui détermine qu'il y a quelques points du territoire espagnol où se forment les grandes agglomérations humaines.

Si l'on analyse les soldes migratoires, non de régions, mais de zones administratives plus petites (cantons), on observe qu'il existe beaucoup moins d'aires d'immigration que d'aires d'émigration, ce qui prouve le caractère franchement émigratoire de la population espagnole qui dérive d'un double phénomène: l'expansion des aires d'émigration et la concentration des aires d'immigration.

L'émigration intérieure a un caractère plus fixe que l'émigration vers l'extérieur, qui a pris cependant une grande importance dans les dix dernières années. Cependant, l'année dernière, notre solde émigratoire en Europe a changé de signe et est devenu négatif pour la première fois depuis que notre émigration continentale commença en 1960 en chiffres ayant une importance relative. En 1966, le nombre d'émigrants revenus dans la patrie s'éleva à 131.700 personnes, ce qui dépassait légèrement le nombre total de sorties (130.000). La diminution des offres de travail à l'étranger ainsi que l'élévation du niveau des salaires à l'intérieur sont les éléments qui ont déterminé le changement de signe qu'on a noté l'année dernière. L'émigration intercontinentale, essentiellement vers les pays ibéro-américains, a été très réduite ces dernières années.

Il existe aussi une émigration saisonnière dans le pays même et vers quelques pays européens, en particulier vers la France. L'émi-

[3] Alfonso Carcia Barbancho, "Les migrations intérieures espagnoles et leur répercussion sur la population agricole". Première réunion d'Etudes de l'Association Espagnole d'Economie et Sociologie Agraire sur "Les problèmes des migrations de la main-d'oeuvre agricole" (Madrid, janvier 1967).

gration saisonnière a diminué à mesure que s'est étendu l'usage des machines pour faire la moisson. Cela, cependant, n'a de l'importance que pour quelques zones géographiques où l'on pratique des cultures propres aux régions irriguées. En France, les ouvriers espagnols se rendent dans les zones du Midi à l'occasion de différentes campagnes de plantation ou de récolte de produits agricoles. Pour l'année 1965, les émigrants saisonniers espagnols en France se sont répartis de la manière suivante:

	Personnes
Riz	4.955
Betterave	30.838
Vendange	62.196
Cultures diverses	10.723
Total	108.712

Comme l'émigration continentale dont nous avons parlé précédemment, est une émigration à laquelle prennent part des travailleurs agricoles et d'autres secteurs, l'émigration saisonnière dans des pays voisins est une émigration éminemment agricole, car ceux qui vont en France sont des agriculteurs qui reviennent à leur village pour y continuer leur activité agricole.

2. LES EMIGRANTS

Il est évident que la majeure partie du contingent de l'émigration de ces dernières années vient de la population agricole. En général c'est cette population qui a les gains les plus bas et c'est elle pour qui les nouvelles formes de vie ont le plus d'attrait. Cela ne veut pas dire qu'il n'existe pas de groupes provenant d'autres secteurs qui émigrent ou qui changent d'emploi, mais il est évident que la plupart des émigrants ont une origine agricole.

Bien qu'on puisse considérer que les facteurs déterminants de l'émigration sont communs à toute société agricole, la fréquence de l'émigration et même les caractéristiques de celli-ci et de sa destination diffèrent selon la place que les individus occupent dans la structure sociale, leur âge, leur sexe et même leurs conditions personnelles. Nous devons faire quelques considérations sur ces points.

2.1. *Emigration et structure sociale*

En termes généraux, il faut faire quelques commentaires sur la propension à émigrer qui est différente selon les couches sociales de la population agricole. A ce sujet, dans un récent ouvrage,[4] on a établi les strates suivantes:

Le *niveau inférieur* est constitué par de simples ouvriers agricoles et par des propriétaires de terres minuscules dont l'exploitation ne donne que des gains limités qui doivent être complétés par un salaire. Ces travailleurs ont parfois un contrat de travail fixe et par conséquent une occupation stable, mais, en de nombreux cas, ce sont des ouvriers temporaires dont l'occupation dépend des variations des nécessités de main-d'oeuvre des cultures.

Il faut ajouter à ce niveau inférieur un nombre considérable de travailleurs étrangers à l'agriculture et employés dans des travaux publics, des industries auxiliaires du bâtiment ou d'autres activités de bas niveau professionnel.

Bien qu'on puisse considérer que les travailleurs de cette seconde catégorie appartiennent à un autre secteur, il existe réellement très peu de différence entre eux et ceux qu'on pourrait appeler les journaliers agricoles. Dans la plupart des cas, on peut considérer ceux qui exercent cette activité dans des travaux publics, comme des travailleurs agricoles qui ne trouvant pas de travail dans l'agriculture à des moments déterminés prêtent leurs services dans différentes branches de la construction.

Dans la population qui forme cette couche sociale, l'émigration est déterminée essentiellement par des raisons économiques. Ces gens émigrent pour chercher une occupation stable qui leur permette de subsister; ils désirent avoir un contrat fixe dans le bâtiment ou dans l'industrie étant donné les possibilités de promotion

[4] Miguel Siguan Soler, "L'émigration et son influence sur le développement de la campagne". Première réunion d'Etudes de l'Association Espagnole d'Economie et Sociologie Agraire sur "Les problèmes des migrations de la main d'oeuvre agricole" (Madrid, janvier 1967).

sociale limitées qu'ils ont à cause de leur faible préparation professionnelle et culturelle.

La caractéristique de ce groupe social est qu'en général les hommes aussi bien que les femmes émigrent jeunes, les femmes pour servir comme domestiques et les hommes au retour du service militaire. Mais, à ce niveau, des familles entières émigrent aussi. Cette situation se produit quand, à mesure que naissent les enfants, la limitation des ressources et de la sécurité devant l'avenir devient insupportable. Cependant, à partir de 35 ou 40 ans, on considère que la difficulté d'adaptation est un obstacle insurmontable et la tentation d'émigrer diminue. Plus tard même, quand ils sont vieux, il est possible que les parents soient obligés d'émigrer pour suivre leurs enfants.

Il n'est pas douteux que l'émigration à ce niveau fournit le plus grand pourcentage du contingent de l'émigration. Cependant, il faut admettre que ce groupe a été considérablement freiné. En certains lieux, surtout dans la moitié septentrionale de l'Espagne, les travailleurs agricoles temporaires ont pratiquement disparu; cependant, dans la moitié méridionale, bien qu'ils aient diminué, ils continuent à former une "réserve" migratoire importante.

Malgré l'enchérissement de la main-d'oeuvre à la campagne par suite de la réduction de la population active, l'écart existant entre les salaires de l'agriculture et de l'industrie continue à être important. C'est pourquoi on doit s'attendre que l'émigration à ce niveau continue, sans arriver au volume de ces dernières années pour les raisons qu'on a indiquées précédemment.

Le *niveau moyen* est formé par les petits et les modestes propriétaires d'exploitations qu'en termes généraux et jusqu'à une date récente on a considérées comme suffisantes pour fournir un niveau de vie "décent" à la famille qui cultive. On peut inclure aussi à ce niveau les petits commerçants et les artisans qui, par suite du progrès technique, se trouvent aussi en crise. Dans toutes ces familles d'exploitants agricoles modestes, de petits commerçants et d'artisans, à mesure que les enfants grandissent, la situation devient plus difficile. Aussi la tentation d'émigrer prend-elle plus de force pour les enfants et pour toute la famille.

Il y a toujours eu un courant migratoire de ces niveaux vers d'autres secteurs économiques. L'exploitation agricole n'a pas été suffisante pour que tous les enfants de ces familles restent dans leur village. Une dissémination de la famille s'est faite parallèlement à la dissémination des parcelles des propriétés. Le patrimoine familial, à mesure que les générations se succédaient, était partagé entre les enfants et ceux-ci à leur tour acquéraient en se mariant de nouvelles terres. Mais cette agriculture "minuscule" a toujours fourni aux autres secteurs les gens qui avaient le plus de capacité ou qui trouvaient une aide et faisaient des études moyennes — surtout celles de prêtre ou d'instituteur — ou qui exerçaient des fonctions modestes dans la bureaucratie ou qui se décidaient par un changement brusque à se rendre dans les centres industriels et donc à exercer des professions qui n'avaient pas de lien avec leur village natal.

En termes généraux, on peut considérer que cette émigration est plus favorable, tant pour ceux qui s'en vont que pour ceux qui restent. Ceux qui s'en vont ne le font pas sous la pression de conditions économiques adverses, mais parce que leur situation économique, même si elle se présente défavorablement, leur permet de préparer leur situation future avec de meilleures perspectives que le simple travailleur agricole. Ceux qui restent, deviendront un jour des chefs d'exploitations qu'il sera possible d'améliorer en comparaison de celles qui existaient précédemment tant pour leur dimension que pour leur productivité.

Dans ce contingent d'émigration, les femmes ont des perspectives plus limitées. Le nombre de filles de petits propriétaires qui peuvent accéder à des études secondaires est malheureusement limité. C'est pourquoi la majeure partie de la population féminine qui émigre ne le fait que pour travailler comme domestique. C'est-à-dire aux mêmes conditons que les filles de travailleurs agricoles.

A ce niveau, et peut-être de façon plus accusée qu'au niveau inférieur, le contingent d'émigration est constitué par des individus jeunes. Le déplacement à la ville apparaît plus difficile pour le chef de famille si on ne lui offre pas, en contrepartie de l'exploitation agricole qu'il laisse, des garanties pour son emploi et son logement. De même qu'au niveau inférieur, le chef de famille est parfois entraîné par ses enfants parce qu'aucun de ceux-ci n'a voulu rester pour aider son père à exploiter sa terre.

Le *niveau supérieur* est plus difficile à déterminer que les précédents. Il est constitué par des propriétaires d'exploitations ayant une dimension supérieure à l'exploitation familiale. Nous pouvons supposer qu'il comprend des familles qui résident dans le lieu où est située la propriété qu'elles exploitent. Elles ont un niveau supérieur dans la structure sociale de la communauté à laquelle elles appartiennent géographiquement et les revenus de leur exploitation couvrent leurs nécessités familiales de telle façon que, si elles le désirent, elles peuvent donner une instruction supérieure à leurs enfants.

Le niveau supérieur étant ainsi formé, on en déduit nettement que ces familles n'ont pas de raisons économiques d'émigrer. Cependant il existe des contrastes entre leur situation privilégiée du point de vue économique et la pauvreté de la vie dans le village. C'est pourquoi les gens de ce niveau sont attirés par la vie dans un chef-lieu ou dans une ville plus importante que leur résidence. Les membres féminins de la famille sont particulièrement sensibles à ce contraste.

Bien que l'émigration des enfants ait été traditionnelle dans les familles de cette catégorie, les circonstances actuelles ont amené un profond changement, car, dans l'actualité, le retour au foyer, après avoir fait des études, devient de plus en plus difficile. Après la période à l'Université, le retour au milieu rural devient incommode, même si une subsistance sûre est offerte dans le village. Dans la population féminine, une des causes déterminantes de la vocation aux études est parfois le désir de sortir du milieu rural où vivent les jeunes filles. Dans de nombreux cas, les études deviennent la voie de l'émigration.

Si l'émigration des journaliers agricoles se justifie et peut même facilement se compenser (en remplaçant les hommes par des machines) et être considérée, dans l'ensemble, comme un fait positif, si l'émigration des petits propriétaires peut provoquer une restructuration des exploitations grâce à des mesures d'ordre divers, l'émigration des jeunes gens capables de se qualifier professionnellement n'a aucun aspect positif pour l'agriculture, car elle représente une perte de valeur progressive des couches rurales supérieures.

Les statistiques n'indiquent pas le volume de l'émigration selon les couches que nous avons définies ci-dessus. Cependant, il est possible de connaître l'évolution de la population agricole suivant ses activités, ce qui confirme en partie les observations qu'on a faites plus haut.

On indique dans le tableau n° 2 la répartition de la population active en salariés, en exploitants agricoles et en familles de ceux-ci pour la période 1960-1965.[5]

TABLEAU 2

Répartition de la population active agricole entre salariés et non salariés

Années	Salariés	Exploitants, associés et membres de la famille	Total
1960	2.349,3	2.269,4	4.618,7
1961	2.302,0	2.239,2	4.541,2
1962	2.213,9	2.228,1	4.442,0
1963	2.225,3	2.119,2	4.344,5
1964	1.289,5	2.653,7	3.943,2
1965	1.221,7	2.514,4	3.736,1

Jusqu'en 1963, il apparaît clairement que le groupe des salariés et des exploitants diminue. On fait la même observation en comparant les années 1964 et 1965. Le changement brusque qui apparaît, quand on passe de l'année 1963 à 1964, vient de l'utilisation d'une source d'information différente pour ce tableau. De toute façon, les tendances se maintiennent aussi pour la dernière de ces périodes.

2.2. *Age et Sexe*

Il est inutile d'affirmer que les jeunes gens sont les sujets les plus aptes à l'émigration. En gros, on peut dire qu'à partir d'un âge minimum l'émigration est d'autant plus facile que l'individu est plus jeune et qu'avec les années l'émigration est de moins en moins

[5] "La demande d'emploi" (Ministère du travail d'Espagne, 1965).

une décision libre et prise par espoir qu'un résultat dicté par les circonstances.[6]

Bien que les gens qui se décident à émigrer soient généralement les jeunes, on ne peut oublier que cette décision affecte des personnes d'âge différent: parfois, les émigrants entraînent des parents d'âge avancé ou, au contraire, d'autres d'un jeune âge. Tel est le cas, dans la première des hypothèses, des parents de l'émigrant et, dans la seconde, des enfants d'un jeune père de famille.

Chez les femmes, le phénomène de l'émigration est encore plus lié à la jeuness. Comme on l'a déjà dit, la principale voie de l'émigration féminine en Espagne est le service domestique qui intéresse généralement des sujets très jeunes. Des femmes d'âge plus avancé émigrent aussi mais moins fréquemment. Si elles sont mariées, le risque et l'aventure de l'émigration déterminent souvent que l'homme part le premier et que la femme se décide seulement quand il a déjà stabilisé sa situation et qu'il a trouvé un logement.

Cette émigration de la jeunesse se reflète dans la structure par âges de la population des villages d'où l'on émigre, ce qui entraîne petit à petit un vieillissement de la population qui reste. Dans les statistiques qui montrent la structure de cette population,[7] on peut noter que la population active agricole masculine de plus de 45 ans resprésente 43% du total tandis que la population comprise entre 25 et 44 ans représente seulement 36.9%. L'importance de ces données apparaît nettement si l'on voit que les chiffres correspondants pour la population active non agraire de l'Espagne représentent 30,1% et 44,2%.

En conséquence, la population active agricole devra baisser très rapidement dans les années à venir car la génération suivante viendra davantage d'une population urbaine puisqu'une partie de la population active en âge d'avoir des enfants aura cessé de travailler dans l'agriculture.

Quant à la classification des émigrants par sexe, on doit observer que si, il y a quelques années, la proportion entre les hommes et les femmes qui émigraient jouait en faveur des premiers, il est certain

[6] Miguel Siguan Soler, *Opus cit.*
[7] Données d'après la Direction Générale d'Emploi du Ministère du Travail.

qu'au cours des dernières années ou l'émigration a été massive, la proportion entre ces deux éléments est devenue sensiblement égale à celle que reflète la population générale.

Dans l'émigration intérieure surtout, qui, comme on l'a déjà dit, a une plus grande importance, il n'existe pratiquement pas de différence, ces dernières années, entre la population émigrante masculine et féminine. S'il est vrai que dans la période allant de 1901 à 1930, il partait pratiquement de quelques régions espagnoles comme la Galice deux fois plus d'hommes que de femmes, dans la période 1930-1960, la proportion est approximativement la même, même s'il existe des régions où les statistiques indiquent que l'émigration est plus grande pour la femme que pour l'homme.

Ce qui est certain c'est que l'émigration actuelle n'est pas fondamentalement masculine comme on pourrait le penser d'abord, mais que la femme joue un rôle primordial dans ce phénomène. C'est ainsi qu'on peut parler d'un équilibre entre les deux sexes, équilibre qui est seulement rompu dans l'émigration extérieure qui est favorable à l'élément masculin.[8]

Le fait que l'émigration féminine est aussi nourrie signifie que la ville offre un grand nombre d'emplois à la femme. La jeune paysanne arrivée à la ville trouve plus de possibilités de travail dans une maison particulière qu'un garçon ayant le même âge, la même origine et la même culture dans une usine. Cela fait que les rétributions du service domestique ont augmenté en plus grande proportion que celles des manoeuvres industriels.

Peut-être conviendra-t-il d'insister là-dessus, mais nous reviendrons ensuite sur l'importance qu'a l'émigration féminine du point de vue de la société agricole. Comme on l'a affirmé,[9] il est évident que "toute tentative d'avoir une influence sur l'émigration, d'orienter celle-ci ou de retenir les jeunes gens dans leur village aboutira à un échec si l'on ne trouve pas la manière d'y retenir un nombre proportionnel de femmes et cela sera possible si on offre à celles-ci une occupation agricole directe et un minimum de commodités dans leur foyer".

[8] Alfonso Garcia Barbancho, *Opus cit.*
[9] Miguel Siguan Soler, *Opus cit.*

3. REPERCUSSIONS DE L'EMIGRATION SUR LE SECTEUR AGRICOLE

Il est évident qu'un phénomène aussi important que l'émigration doit avoir des répercussions non seulement sur le secteur agricole mais sur l'ensemble de l'économie du pays. Bien qu'il en soit ainsi, nous allons nous borner à considérer seulement ces effets directs sur les exploitations agricoles et sur la communauté rurale en faisant ensuite des considérations sur leurs répercussions dans la production de ce secteur.

Ce qui apparaît aussi évident c'est que le phénomène, qu'il soit favorable ou non pour le secteur agricole, doit être considéré comme irréversible. Il faudra agir sur lui non avec des critères réversibles en essayant de revenir à la situation d'origine, mais avec des critères correcteurs qui essaieront d'orienter et d'éviter ses effets les plus défavorables et de mettre à profit ses stimulants bienfaisants.

Une répercussion de caractère général et qui, comme c'est logique, a une influence sur l'ensemble du secteur est que la diminution de la population active agricole a comme effet immédiat l'élévation du niveau des salaires. Cette augmentation, qui est la conséquence du jeu de l'offre et de la demande du travail, s'est nettement reflétée dans les statistiques. Dans le tableau n° 3, on peut voir l'évolution de l'indice des salaires comparé aux séries d'indices des salaires perçus par les agriculteurs, du coût de la vie et des prix réels.[10]

TABLEAU 3

Evolution des indices des salaires agricoles réels

Années	Indice des salaires	Indice des prix agricoles	Indice du coût de la vie	Indice des salaires agricoles réels
1957	100,0	100,0	100,0	100,0
1958	117,6	117,8	112,6	104,4
1959	137,8	114,4	121,7	113,2
1960	151,2	117,6	123,1	122,8
1961	162,9	121,8	125,3	130,0
1962	182,4	132,5	132,4	137,8
1963	233,2	137,6	144,0	161,9
1964	261,2	143,4	151,8	172,1
1965	289,4	167,1	171,5	168,7

[10] Données provenant du Secrétariat Général Technique du Ministère de l'Agriculture, Espagne.

Comme on peut le voir dans ces séries, les salaires ont augmenté beaucoup plus rapidement que les prix perçus par les agriculteurs et que le coût de la vie. C'est pourquoi la situation du salarié agricole s'est améliorée de façon notable ces dernières années, en grande partie à cause de la diminution de la main-d'oeuvre agricole disponible.

3.1. *Effets sur l'exploitation*

De même comme, en analysant la composition des émigrants, nous avons établi trois catégories, nous allons maintenant en considérant les effets de l'émigration sur l'exploitation, établir trois niveaux que nous appellerons, tout en comprenant ce que cette classification a d'arbitraire, la grande, la moyenne et la petite exploitation.

A cet effet, nous entendons par *grande exploitation* non le "latifundium" ni la propriété dirigée par un propriétaire qui ne vit pas essentiellement de l'agriculture et qui ne vit pas non plus de la direction de son exploitation, mais la grande exploitation dont le chef est propriétaire ou non, qui dirige et qui emploie un personnel salarié d'une certaine importance. Il s'agit donc d'un véritable chef d'entreprise qui vit de l'agriculture et pour l'agriculture. Comment l'émigration affecte-t-elle ce genre d'entreprise?

Comme dans les autres entreprises, l'émigration massive de main-d'oeuvre bouleverse l'organisation traditionnelle de l'entreprise et la soumet à une forte tension. Son premier résultat est l'élévation des salaires agricoles pour le personnel nécessaire à l'exploitation qui demande en outre un emploi permanent et l'extension d'une série de mesures qu'on peut inclure dans le concept de sécurité sociale agricole. La grande exploitation agricole traditionnelle est soumise, comme conséquence du phénomène de l'émigration, à une forte tension et doit faire un effort pour s'adapter à la nouvelle situation, un effort qui suppose en premier lieu la mécanisation et, en général, un nouvel examen économique de son orientation de la production.

Il est possible que l'élévation du salaire produise chez le chef d'exploitation une attitude d'inquiétude et de méfiance quant à l'avenir économique de son exploitation devant des perspectives d'une conjoncture de hausse pour le paiement du travail qui n'ont pas eu de répercussions dans la mesure qu'il désirait sur le prix des produits agricoles. Ce fait représente par conséquent une redistribution du revenu agricole en faveur des appointements et des salaires au détriment des revenus de la propriété et de l'exploitation.

C'est pourquoi le chef d'exploitation se montrera peut-être peu enclin à remplacer le travail (capital de roulement) par des machines (capital d'exploitation) car il sait qu'après avoir acquis celles-ci, l'exploitation est grevée par les dépenses fixes annuelles correspondant aux capitaux engagés.[11] Mais il est également possible que l'émigration soit un stimulant pour amener un changement de l'orientation de l'exploitation et pour que celle-ci s'adapte aux nouvelles conditions du manque de main-d'oeuvre.

Mais toujours, l'exploitant, qu'il soit méfiant ou entreprenant, sera affecté non seulement par les conséquences économiques de l'émigration (élévation des salaires), mais aussi par les effets sociaux que produit l'exode rural dans la vie des villages. En tout cas, il existe maintenant des logements dans l'exploitation ellemême pour le personnel salarié et, au cas où celui-ci réside dans de petits centres ruraux, les aspirations des ouvriers et de leurs familles seront en outre d'obtenir des améliorations de salaires, d'arriver à des formes de vie adéquates comparables à celles que mettent devant leurs yeux les moyens de communication de masse.

Dans une première phase, il faudra penser pour freiner l'émigration à une forte élévation des salaires qui devra être suivie d'un investissement en améliorations sociales pour arriver à stabiliser l'offre de travail. Le chef d'exploitation devra chercher, peut-être pour la premier fois, une réponse rationnelle au problème de l'amélioration de la vie du personnel salarié. Mais certainement le chef d'une grande exploitation sera incapable de résoudre, si son exploitation n'a pas de dimensions gigantesques, le problème de trouver une infrastructure adéquate au milieu rural répondant aux aspirations naissantes d'un personnel de plus en plus influencé par

[11] Angel Maqueda, "Influence des émigrations de la main-d'oeuvre agricole dans l'entreprise agraire". Première réunion d'Etudes de l'Association Espagnole d'Economie et Sociologie Agraire sur "Les problèmes des migrations de la main-d'oeuvre agricole" (Madrid, janvier 1967).

l'attraction de la ville. Son problème sera très directement lié aux problèmes de la communauté rurale où lui et son exploitation se trouvent nécessairement plongés.

Tant que le milieu rural qui entoure l'exploitation ne sera pas plus accueillant et que la densité de population ne sera pas plus élevée, il sera difficile qu'on puisse mettre sur pied cette infrastructure sociale que le personnel salarié agricole exige aujourd'hui et qu'il exigera demain avec une force de plus en plus grande.

Si l'on ne donne pas par des moyens extérieurs à l'exploitation elle-même les améliorations qu'on demande pour les communautés rurales, on pourra seulement obtenir une fixation du personnel salarié à l'exploitation en le liant aux gains de celle-ci ou en transformant la grande exploitation en une exploitation de type extensif. D'une autre façon, il faudrait penser à restructurer ces exploitations en créant des exploitations de caractère familial. Dans ce cas, il est probable qu'on pourra freiner l'exode rural et que cette option sera plus favorable à l'économie du pays que l'existence de grandes zones où des exploitations extensives prédominent sans exploiter adéquatement leurs ressources naturelles.

Considérons dans la situation actuelle le *chef d'exploitation moyenne*, c'est-à-dire celui qui a une exploitation ayant des dimensions suffisantes pour lui permettre d'avoir un niveau de vie convenable sans avoir besoin de travailler manuellement sur son exploitation. Les besoins de main-d'oeuvre de l'exploitation sont résolus grâce au travail d'un nombre réduit d'ouvriers fixes (2 ou 3) et, aux époques de pointe, par un certain nombre de travailleurs temporaires. En Espagne, cet agriculteur est "l'homme riche" du village dans la stratification sociale des petites communes rurales. C'est le propriétaire de 100 ou 150 hectares de terres non irriguées et de 15 ou 20 hectares dans les régions humides ou dans les zones irriguées.

En général, cet agriculteur vit dans un village et ses enfants, le moment venu, ont la possibilité de continuer leurs études hors de ce lieu. C'est un agriculteur qui vit essentiellement des gains venant de son exploitation bien qu'il n'y travaille pas personnellement.

Le problème que l'émigration pose à ce chef d'entreprise est économique et aussi social. Le manque de main-d'oeuvre l'oblige, d'une part, à remplacer ses travailleurs fixes par un tracteur et, de l'autre, à remplacer les journaliers saisonniers par une moissonneuse qu'il loue. C'est donc, en premier lieu, un problème de financement qu'il devra se poser, un problème qui entraîne en même temps un changement d'attitude pour lui et pour ses enfants. Il doit penser à monter sur le tracteur qu'il achètera pour remplacer ses ouvriers. C'est seulement ainsi que son exploitation pourra continuer à lui fournir les revenus dont il vit.

Il est évident que "la prolétarisation" du chef d'exploitation, son passage à une activité plus personnelle que celle de gérant de son exploitation (avec un sens d'entreprise familiale plus exact car dans de nombreux cas le travail de direction était une simple manière de ne rien faire) est un effort mental et non physique. Abandonner le statut dérivant de la propriété pour prendre contact avec le travail est, dans le cas le plus simple, un changement d'attitude. Pour beaucoup, il s'agit d'une humiliation; pour d'autres, d'une perte de prestige.[12]

Pour vaincre ce "trauma", qui est non seulement le sien mais aussi celui de sa famille, l'exploitant moyen a une autre option: celle de devenir membre d'une coopérative ou d'un groupe d'exploitation en commun de la terre. S'il arrive à entrer dans une coopérative dont les autres membres sont de petits agriculteurs, il continuera à maintenir son statut car sa domination sur les autres membres du groupe sera la conséquence de son plus grand apport à la nouvelle exploitation et de la considération qu'il avait comme "homme riche" dans le village. Il aura pratiquement réussi à remplacer la main-d'oeuvre salariée dont il avait besoin pour son exploitation par celle des membres qui travaillent manuellement dans le groupe auquel il appartient actuellement. Il est évident que la solution de "L'entreprise familiale mécanisée" convienne plus que la solution coopérative car cette dernière ne représente pas qu'on affronte une situation mais qu'on masque un problème. La première solution peut être considérée comme un changement

[12] José Lopez de Sebastian, "Les effets de l'émigration rurale en Espagne". Première réunion d'Etudes de l'Association Espagnole d'Economie et Sociologie Agraire sur "Les problèmes des migrations de la main-d'oeuvre agricole" (Madrid, janvier 1967).

positif; le "groupe pour l'exploitation en commun" n'est, en de nombreux cas, qu'une solution transitoire.

Dans la *petite exploitation*, nous pouvons affirmer que l'émigration a des effets sur sa survivance. L'émigration peut avoir un effet positif sur les exploitations de dimensions réduites. En réalité, dans beaucoup de ces exploitations il y a un excédent de main-d'oeuvre, un excédent qui peut trouver, en raison du manque d'ouvriers à la campagne, une plus grande demande et des rétributions plus élevées. Cela arrive non seulement pour l'exploitant d'une très petite propriété mais aussi pour ses enfants qui peuvent compléter ainsi leur salaire par les revenus que leur donne leur propre exploitation.

L'exode rural est alimenté non seulement par les ouvriers agricoles mais aussi par les petits exploitants et par leurs parents. L'ouvrier qui n'est pas lié directement à la terre mais qui l'est à la communauté rurale par des liens affectifs rompt ceux-ci quand l'avenir du village ne lui offre pas de plus grandes perspectives. Le petit propriétaire, même s'il est lié à la terre, rompt également rapidement ses liens quand les différences entre le niveau de ses gains et celui des salaires industriels sont élevées. Bien que les gains qui reviennent à sa petite exploitation grâce aux rétributions salariales deviennent de plus en plus grands, ceux qui lui reviennent pour son travail d'exploitant diminuent du fait que l'exploitation n'a pas les dimensions qui permettent d'augmenter sa productivité. C'est pourquoi l'émigration affecte bientôt aussi les petits propriétaires.

Or, l'émigration de ces petits propriétaires peut contribuer à l'augmentation de la dimension des exploitations de ceux qui restent. Dans certains cas, cela se fait par la vente, dans d'autres par l'affermage et dans d'autres enfin par l'incorporation de la petite exploitation à des coopératives ou à des groupes d'exploitation en commun. Dans ce dernier cas, le petit propriétaire peut en outre travailler comme ouvrier fixe dans la nouvelle exploitation à la suite de l'augmentation des dimensions de celle-ci. Il peut aussi être dispensé du travail personnel dans la coopérative ou dans le groupe, même s'il perçoit les gains qui lui reviennent en tant que membre de celui-ci.

Dans les zones où domine la petite propriété, surtout si celle-ci est divisée ou dispersée, la restructuration des exploitations, même si elle est facilitée par l'exode rural, présente des difficultés notables. Le morcellement des terres, la rigidité des structures territoriales mettent des freins à ce que la mobilité de la main-d'oeuvre soit suivie d'une autre mobilité des terres qui facilite leur adaptation et leur intégration aux nouvelles exploitations dont les dimensions et les structures sont adéquates.

3.2. *Effets sur la communauté rurale*

L'émigration de la population agricole entraîne aussi la population d'autres secteurs qui, se livrant à des activités commerciales ou artisanales, font partie de la société rurale. Dans les villages, grands et moyens, minés par l'émigration, les commerçants aussi deviennent des candidats à l'émigration; la décadence des artisans vient de l'absence de clients et du manque de vie qui se produisent dans les communautés d'où l'on émigre.

L'émigration affecte donc toutes les couches de la société paysanne et tous les membres de celle-ci dans une proportion plus ou moins grande. On trouve des émigrants des catégories les plus différentes, mais il est vrai aussi que des caractéristiques communes déterminées se trouvant chez les émigrants et les vides qu'ils laissent, ont une influence remarquable sur la communauté rurale.

Comme on l'a affirmé, "si l'on considère que l'émigration est la conséquence de l'incapacité de surmonter des conditions adverses, on peut considérer que ceux qui émigrent sont les moins aptes ou ceux qui se trouvent dans les pires conditions pour résister à celles-ci. Mais, si l'on considère que l'émigration représente qu'on court des risques pour chercher de plus grandes chances, alors il faudra penser que les émigrants sont précisément les plus audacieux, les plus aptes et les plus sûrs pour pouvoir affronter un changement. Ces deux conditions extrêmes s'unissent dans des proportions variables selon les cas. Plus les sujets sont jeunes ou mieux placés, plus il est facile que leur émigration soit le résultat d'une décision active et implique donc des qualités positives. Plus l'émigration est la réponse à une situation insupportable — une fuite devant la misère — plus il est facile que ce soit une conduite purement passive à laquelle les circonstances obligent, en ne disant rien sur les qualités du sujet. Mais, même dans ce cas, l'émigration exige un minimum de force et de décision."[13]

L'émigration ne représente donc pas seulement une diminution du cens de la population de la communauté rurale mais aussi le fait que l'émigration agit par un processus de sélection en fonction des qualités personnelles des émigrants. En tout cas, l'émigration présente des aspects négatifs et positifs pour la société rurale.

Le premier effet de l'émigration est la chute du nombre d'habitants de la communauté rurale et le viellissement de celle-ci. Comme nous l'avons dit plus haut, la diminution de la population de la communauté entraîne une diminution des transactions commerciales qui se feront dans la communauté. On dépense moins dans le commerce, dans l'artisanat et les services, d'une part, parce qu'il existe un nombre inférieur d'habitants et aussi parce qu'il y a une tendance à dépenser une proportion des gains de plus en plus grande hors de la localité. La facilité des communications et la dépendance de l'extérieur de plus en plus grande de l'exploitation font que cette "balance commerciale" est de plus en plus favorable à la communauté elle-même.

La diminution du nombre d'habitants nuit non seulement aux commerçants et aux artisans mais elle a également des répercussions sur le volume et la qualité des services publics qui sont prêtés à la population. Si dans le village il y a de moins en moins d'écoliers et de patients, un instituteur ou un médecin auront de moins en moins intérêt à s'y établir ou à y résider de façon permanente.

Cela est évident pour certaines professions mais apparaît aussi clairement pour d'autres points comme celui de l'entretien des services publics et municipaux, celui de la fourniture d'eau, d'électricité, pour les égouts et pour un ensemble de services qui exigent non seulement une justification économique du point de vue de la construction mais ont un entretien coûteux.

Par suite de la diminution du nombre des habitants, il reste des vides parfaitement visibles pour ceux qui ne se sont pas décidés à émigrer et qui restent dans les villages. Ces vides sont dans l'esprit

[13] Miguel Siguan Soler, *Opus cit.*

de tous, dans le souvenir de leurs parents et dans le contraste que font les nouvelles qu'ils ont sur la vie des émigrants et l'existence des gens qui n'ont pas quitté le village. La correspondance que les émigrants ont avec leurs concitoyens et leur éventuel retour temporaire au village mettent en lumière le contraste entre la vie urbaine et la vie rurale. Cette référence directe n'est pas seulement donnée par l'émigrant mais aussi par la radio, la télévision, etc.

En conséquence, très souvent les formes traditionnelles de la vie de la société rurale se dévalorisent, ce qui contribue même à maintenir un état de frustration, de tristesse et de désespoir chez les jeunes qui y restent encore. Comme on l'a affirmé,[14] la tristesse et l'ennui apparaissent comme les tons dominants de la vie rurale aux yeux des paysans eux-mêmes. La décadence des fêtes dans les villages est un trait qu'on peut facilement constater. Les villages en ont une conscience aiguë. Ces événements qui étaient traditionnellement joyeux, bruyants pendant plusieurs jours et qui réùnissaient dans une ambiance de sain optimisme non seulement tous les habitants du village mais ceux des villages voisins et même des visiteurs se réduisent aujourd'hui à des journées où l'on se rappelle ceux qui sont partis et où la joie est absente du fait de l'absence de parents aimés. En marge de tout ce qui pourrait paraître mélodramatique dans cette situation, le fait réel est qu'il existe une véritable impression de décadence et un manque d'ambition qui se manifestent concrètement quand se pose le problème de l'avenir que les agriculteurs souhaitent pour leurs enfants. D'une enquête faite à ce sujet dans une région de l'Espagne,[15] on déduit qu'il existe une majorité qui affirme le désir que ses enfants aient une profession

[14] Víctor Perez Diaz, "L'exode rural dans la Tierre da Campos (1961-64)", *Annales d'Economie* (Institut Sancho Moncada, Octobre-Décembre 1964, Madrid).

[15] Une enquête a été conduite dans plusieurs villages de Castille. A la question "Aimeriez-vous que vos fils deviennent agriculteurs?" on a obtenu les réponses suivantes:

Oui	77	16,6
Non	295	63,8
Réponse ambigue ou sans répondre	90	19,4
Total	462	100,0

différente de l'agriculture. C'est le reflet d'une frustration et d'un état d'esprit pessimiste.

Tous les facteurs qu'on a analysés précédemment sont des facteurs négatifs dans la vie sociale de la communauté. Mais il est vrai aussi que l'émigration elle-même a des aspects favorables qu'on ne peut pas négliger. En premier lieu, la saignée que produit l'émigration de la campagne vers la ville et l'industrie permet de réadapter les exploitations, surtout dans les zones géographiques où il existe une densité de population excessive en comparaison des ressources agricoles disponibles. Si la production de la zone considérée doit être répartie entre un nombre moindre d'habitants, il est évident que cela peut produire une amélioration dans les ressources des gens qui restent.

D'autre part, une situation de crise a toujours son effet positif car un désir de rénovation et la nécessité de faire de nouveaux efforts découlent la plupart du temps de la crise.

Un aspect positif pour l'agriculture espagnole qu'il faut attribuer en grande partie à l'émigration est le remembrement. L'agriculteur a pris conscience de la nécessité de restructurer ses exploitations quand le manque de main-d'oeuvre a aggravé la situation où se trouvaient celles-ci. La diminution de la main-d'oeuvre a mis en lumière le besoin de mécaniser l'exploitation agricole et pour cela la nécessité de remembrer ses terres.

Les phénomènes de groupement des exploitations pour la culture en commun sont d'autres aspects favorables du remembrement. Il existe un désir d'unir ses efforts pour arriver à survivre, pour obtenir un renouvellement des structures et une amélioration de la commercialisation des produits.

Ces deux aspects qu'on peut considérer comme ayant une influence non seulement sur la restructuration et la dimension des exploitations ont un effet net sur la communauté rurale. A l'occasion du remembrement, les agriculteurs se sont rendu compte pour la première fois qu'avec un effort commun ils peuvent obtenir des améliorations substantielles de leurs revenus ou de leur mode de vie. Le remembrement, la constitution de coopératives pour l'exploitation en commun et tous les aspects qui peuvent conduire à des phénomènes collectifs et associatifs créent un esprit d'union et une meilleure entente entre ceux qui restent en raison de leur dépendance étroite de liens de caractère économique qui se transforment en relations de vie en commun plus étroites.

D'autre part, il est évident que ce contraste entre la vie rurale et la vie urbaine crée une conscience de l'insuffisance des formes traditionnelles de la vie paysanne que la population acceptait autrefois sans arrêter à les comparer avec celles du monde urbain dont elle était si éloignée.

D'autre part, il est vrai que les moyens de communication peuvent créer un pessimisme chez l'agriculteur mais il est exact aussi, ce qui est la conséquence de cette connaissance, qu'ils élèvent le niveau de ses besoins en lui faisant sentir l'urgence d'améliorer non seulement ses revenus mais sa mode de vie.

Le phénomène de l'émigration entraîne, comme on l'a vu, des modifications du système de stratification sociale. Le besoin de passer de la propriété à l'exploitation crée une nouvelle couche sociale, celle de l'exploitant moyen qui travaille sa propre exploitation, ce qui a un aspect positif dans les sociétés rurales traditionnelles dans quelques régions de l'Espagne.

3.3. *Répercussions sur la production du secteur*

L'émigration, dans la mesure où elle signifie une concentration de la population dans un nombre réduit de grandes villes, détermine par le simple fait de l'urbanisation de la société un changement dans la structure de la consommation et, par conséquent, de nouvelles demandes de produits agricoles. L'augmentation du pouvoir d'achat de l'Espagnol moyen ces dernières années et l'apparition du tourisme sous une forme massive ont déterminé une évolution dans la consommation, ce qui a amené une structure très différente de la demande des produits agricoles au bénéfice de ceux de l'élevage alors que la demande de céréales et de légumineuses, au contraire, restait stable ou baissait légèrement.

La conséquence de ce fait est que l'exploitant doit, en ces moments de forte évolution, s'orienter vers les produits qui auront une plus grande demande dans une structure compétitive en tenant compte de la tendance de l'économie à se libéraliser. L'exploitant doit introduire des changements dans l'organisation de la production de son entreprise en pensant, d'une part, à la substitution de la main-d'oeuvre et, d'autre part, à la nouvelle demande que le développement économique stimule (produits de l'élevage, sucre, fruits, légumes verts, etc.). L'émigration et le développement sont donc les deux éléments déterminants des changements de la politique de production.

La difficulté de labourer et de moissonner avec des machines certaines parcelles, à cause soit de leur pente excessive, soit de leur configuration irrégulière ou de leurs dimensions réduites, fait que dans des cas déterminés on en abandonne la culture et que dans d'autres on les consacre à d'autres activités qui exigent moins de travaux (reboisement, création de prairies, etc.).

Dans les zones d'agriculture morcelée, il est difficile de chercher une utilisation adéquate pour les parcelles de petites dimensions. L'abandon de la culture des terres est d'autant plus fréquent que les parcelles sont plus petites, qu'elles se trouvent plus loin de l'exploitation et qu'elles ont de moindres rendements unitaires.

Le manque de main-d'oeuvre détermine d'autre part des changements dans l'orientation de la production des zones ayant des possibilités de haute production unitaire, comme c'est le cas dans certaines terres irriguées du Sud de l'Espagne où l'on remplace les cultures par des plantations de peupliers, ce qui est déterminé par le manque de main-d'oeuvre dont on a parlé et qui se justifie du point de vue économique par la haute rentabilité de ces productions de bois d'une croissance rapide.

Les hausses de salaires, qui sont aussi une conséquence de la rareté de la main-d'oeuvre, rendent difficiles quelques cultures par irrigation comme, par exemple, la betterave et le coton. Dans ces cas, et étant donné que la mécanisation de la culture détermine des problèmes qui ne sont pas encore résolus, la hausse des salaires pourrait même arriver à réduire l'offre de ces produits qui occupent d'importantes superficies des zones irriguées du Sud et du centre de l'Espagne.

Une autre conséquence importante de l'émigration est constituée par ses effets sur la redistribution du revenu agricole. En Espagne, il ne faut pas oublier que ce qu'on appelle la population active dans l'agriculture n'a jamais été entièrement occupée et que même en ce moment où la population a diminué, comme on l'a montré dans le paragraphe précédent, il existe encore dans quelques régions un chômage larvé et saisonnier.

A la suite de cela, la population agricole émigrant, l'offre de travail diminuant, l'accroissement du travail a été important mais le nombre de journées de travail réelles n'a pas diminué à un rythme parallèle parce que, dans de nombreux cas, la population qui a émigré avait à peine une occupation dans l'agriculture. Si, en outre, on tient compte du fait que le rythme d'augmentation des prix des produits agricoles est plus atténué que celui des salaires, on s'explique que la répartition fonctionnelle du revenu agricole dont l'évolution est indiquée dans le tableau n° 4 se montre défavorable pour l'exploitant dont les disponibilités comme source de financement pour améliorer ses cultures se sont réduites de façon continue.

TABLEAU 4

Répartition fonctionnelle du revenu agricole en pourcentages du total

Années agricoles	Salaires, appointements et sécurité sociale	Impôt direct, bénéfices de l'exploitant, revenus de la terre et intérêt du capital
1957-58	51,9	48,1
1958-59	52,9	47,1
1959-60	59,1	40,9
1960-61	60,2	39,8
1961-62	59,0	41,0
1962-63	58,2	41,8
1963-64	67,6	32,4
1964-65	64,0	36,0

Cela détermine d'autre part le fait que pour obtenir de plus grands revenus, l'exploitant doit devenir le travailleur de sa propre exploitation pour arriver à bénéficier directement des augmentations de salaires qui, d'une autre façon, iraient au personnel qu'il engage. C'est la tendance que nous avons déjà indiquée de l'évolution de la propriété vers l'exploitation et des problèmes que les hausses de salaires peuvent poser aux grandes exploitations si elles ne se transforment pas en exploitations de type familial. Il est intéressant aussi de montrer l'importance du problème que l'exploitant a en ce moment pour la capitalisation et la restructuration de son entreprise. Cette tendance à la diminution des disponibilités des exploitants les oblige à envisager la nécessité de chercher un financement extérieur pour aider le secteur car sans celui-ci il pourrait se créer une situation délicate pour l'ensemble des exploitations agricoles.[16]

4. POSSIBILITES D'INTERVENTION

Les répercussions que l'émigration a sur les exploitations, sur la structure sociale et la survivance de la communauté rurale ainsi que sur l'orientation de la production du secteur sont si complexes qu'on doit considérer nécessairement comme totalement inadéquat ou inefficace d'envisager des solutions simplistes et partielles pour résoudre un problème aussi important et aussi vaste. La transformation qui doit s'opérer dans l'agriculture pour s'adapter à la nouvelle situation exige un ensemble de mesures d'intervention ayant une cohérence nécessaire.

Les mesures d'intervention doivent non seulement tenir compte de la complexité du problème mais aussi du fait que le processus continuera à s'accentuer les prochaines années à la suite du développement économique et qu'il serait donc absurde de penser à des actions qui pourraient le freiner. Il faudra, certes, adopter des mesures pour contribuer à ce que cette émigration se réalise dans les meilleures conditions possibles afin que les émigrants souffrent le moins de troubles possibles du point de vue social et humain. Il faut adopter un ensemble de mesures qui orienteront l'exode et remédieront aux aspects négatifs que l'émigration produit, mais en considérant l'émigration comme un phénomène irréversible.

En envisageant les mesures d'intervention, la condition dynamique du phénomène de l'émigration doit peser afin de profiter de ses aspects positifs et d'essayer de trouver des formules pour remédier au manque de main-d'oeuvre, de capitaux et au mode de vie de la société paysanne traditionnelle.

Commençons par considérer les mesures qui favoriseront le pro-

[16] Arturo Camilleri Lapeyre, *Opus cit.*

cessus de restructuration de la propriété et de l'exploitation.

Dans la majeure partie du pays, on doit considérer en ligne générale la mobilité des hommes comme un facteur positif pour mener à bien une modification des structures agricoles et une modernisation des exploitations. Mais on ne doit pas oublier, et de là vient la raison de la politique de réforme des structures agricoles, que la "mobilité des terres" ne se réalise pas au même rythme que la "mobilité des hommes". Il est certain que l'émigration peut contribuer à faciliter le processus de rationalisation et d'augmentation des dimensions des exploitations; mais ceci, qui peut être vrai dans quelques cas, ne l'est pas dans les régions où la structure de la propriété et de l'exploitation présente une grande fragmentation et une grande dispersion. Dans ces cas, il est difficile de trouver une réponse satisfaisante des terres au mouvement des hommes. La petite parcelle et sa dispersion conditionnent en grande mesure la possibilité de créer des exploitations où l'augmentation des dimensions ne serait pas accompagnée d'une plus grande dispersion et d'une inadaptation de celles-ci.[17]

Dans ces cas, l'exploitant qui émigre laisse les exploitations constituées par un grand nombre de parcelles sur la base desquelles il sera à peu près impossible de constituer de nouvelles exploitations rationnelles ou d'améliorer celles qui existent déjà. La superficie plus étendue que les agriculteurs qui restent au village peuvent obtenir pour leurs exploitations est accompagnée de nouveaux défauts de structure. Il est vrai qu'on peut parfois obtenir une amélioration partielle de la structure (cas d'acquisition ou d'affermage de parcelles voisines ou contiguës, etc.) mais en général la rigidité des structures et le morcellement des terres empêchent de créer ou d'améliorer les exploitations.

Indépendamment des autres mesures qu'on pourra adopter pour intervenir sur le marché des terres,[18] le remembrement est toujours

[17] Luis Garcia de Oteyza, "Remembrement et agriculture de groupe". *FATIS*, O.C.D.E. N° 1 (1967).

[18] En Espagne les droits de pré-emption en faveur de l'Etat dans le marché des terres n'existent pas comme c'est le cas dans d'autres pays. Cette faculté est reservée à certaines organisations ou organismes, dans d'autres pays européens, comme par exemple à la Safer, en France.

une mesure efficace pour améliorer les défauts de structure des exploitations fragmentées en multiples petites parcelles et en même temps pour donner passage à un autre ensemble de mesures poursuivant la restructuration des exploitations.

Le remembrement est une mesure qui, selon nous, est en rapport étroit avec le phénomène de l'émigration. En Espagne par exemple, il faut attribuer en grande partie l'accueil favorable fait à la loi sur le remembrement promulguée en 1952[19] au fait que le processus d'industrialisation du pays s'est réactivé dans la décennie 1950-60 et a permis par la réalisation de cette amélioration de faciliter la solution du problème du manque de main-d'oeuvre qu'on commençait à noter dans les régions d'agriculture morcelée. La rationalisation des exploitations agricoles par le remembrement n'a pas posé de problèmes de caractère social et a favorisé d'autre part le processus de mécanisation de ces régions.

Le remembrement permet donc dans un certain sens d'adapter les structures pour mieux utiliser la main-d'oeuvre et, par conséquent, pour obtenir une plus grande productivité du travail. Mais il permet aussi une évolution favorable des exploitations devant de futures baisses de la main-d'oeuvre consacrée à l'agriculture. La dimension supérieure des parcelles qui résulte du remembrement fait que les acquisitions éventuelles de terres par les exploitants qui restent dans la zone porteront toujours sur des parcelles qui, en raison de leur dimension, seront susceptibles d'être cultivées mécaniquement, en ayant un accès direct sur de nouveaux chemins par lesquels pourront circuler les machines agricoles et qui, d'autre part, auront une situation juridique adéquate du fait de l'enregistrement de leurs terres qui facilitera les transactions et garantira les éventuelles demandes de crédit. Mais, en outre, il existe aussi plus de probabilités pour que la parcelle qui sera acquise pour la nouvelle

[19] A partir de 1954, où furent publiés les premiers résultats des remembrements commencés en vertu de la loi du 20 décembre 1952, affluèrent de nombreuses demandes volontaires de remembrement qui ont atteint à la fin de 1965 le chiffre de 3.901.263 Ha. Les réalisations en matière de remembrement ont continué à un rythme croissant et ont atteint pendant la période — 1954-1965, un million d'hectares. En 1965, les remembrements effectués ont dépassé le chiffre de 300.000 Ha. Pour 1966, le chiffre est de 350.000 Ha.

exploitation soit proche d'une des parcelles de l'acquéreur, celles-ci ayant à leur tour également des dimensions satisfaisantes.

Cependant, dans des zones remembrées déterminées, il existe des exploitations qui, même lorsqu'on a réalisé ces améliorations, ne réunissent pas les caractères d'une exploitation économiquement viable. Dans ces cas, il est certain que si par le remembrement on obtient une amélioration de la structure et une diminution des prix de revient de la production de ces exploitations, les revenus ne sont pas cependant encore suffisants pour conserver un niveau de vie décent à l'exploitant et à sa famille. Dans ces zones, les différents modes de groupement pour l'exploitation des terres peuvent contribuer à résoudre une partie des problèmes que présentent les exploitations de dimensions insuffisantes.

Le groupement des petites exploitations en unités de production de plus grande "échelle" ne permet pas seulement la mécanisation de l'agriculture mais offre aussi de nouvelles perspectives pour augmenter les rendements des terres et du bétail. Mais, pour que les groupes jouissent de plus grands avantages de structure — dans l'hypothèse d'une agriculture morcelée et dispersée — il est bon que le problème du groupement se pose en même temps qu'on réalise le remembrement. L'expérience qui existe à ce sujet dans notre pays[20] est qu'il convient de coordonner ces actions dans les zones morcelées en menant simultanément le remembrement et l'agriculture de groupe, afin que les nouvelles exploitations qui pourront se constituer par l'intégration volontaire des agriculteurs puissent connaître préalablement la réalisation des travaux de remembrement et par conséquent que la structure des nouvelles coopératives de production soit notablement améliorée.

Une bonne preuve de cet intérêt est que, dans les régions où l'on exécute le remembrement dans notre pays, le mouvement de l'agriculture de groupe a acquis plus de force qu'ailleurs. Cela se doit

[20] Sur les rapports existants entre le remembrement et l'exploitation en commun de la terre, il peut être intéressant de consulter la monographie n° 13 intitulée "Exploitation en commun de la terre et remembrement" de M.M. Bueno Gómez, Lamo de Espinosa et Baz Izquierdo (en espagnol) qui fait partie des publications éditées par le Service National du Remembrement et de l'Aménagement Rural (Madrid).

aux raisons de caractère technique esquissées précédemment et se base aussi sur d'autres raisons de caractère social. La réalisation du remembrement crée le climat adéquat pour mener à bien d'autres actions de caractère communautaire.

En Espagne, s'il existe des lois qui traitent de la conservation des exploitations[21] et des essais de projets législatifs, il est certain qu'on a obtenu très peu de chose par ces mesures qui, à notre avis, ont une orientation erronée, puisqu'il s'agit, dans la plupart des cas, de mesures coercitives pour empêcher la division des terres. Nous sommes assez sceptiques sur ces mesures prohibitives mais non sur celles qui existent dans d'autres pays, dont le but est de faciliter l'attribution intégrale de l'exploitation à celui des héritiers qui restera à la campagne aux dépens des enfants qui ne sont pas agriculteurs. A ce point de vue, il faut faire beaucoup pour donner des facilités de crédit aux agriculteurs qui désirent rester dans leur exploitation et il ne faut pas que cette attribution intégrale puisse représenter en quelque cas que ce soit une charge impossible à supporter pour le nouvel exploitant.

L'orientation de l'exode au moyen d'indemnités aux ruraux qui abandonnent la campagne ou de programmes d'échange d'une région à l'autre n'a pas encore eu d'application en Espagne, bien qu'il y existe des activités tendant à améliorer les conditions professionnelles de l'émigrant. Dans ce sens, il est intéressant de mettre en lumière les programmes de promotion professionnelle ouvrière mis sur pied par le ministère du Travail qui contribuent à ce que l'émigrant puisse aller à la ville avec un métier qui lui permettra de mieux s'adapter au changement de profession et à la vie que l'émigration entraîne.

Une grande partie des mesures qu'il conviendrait de prendre isolément pour la restructuration des exploitations ont été intégrées dans un processus qu'on appelle en Espagne "l'aménagement rural".

[21] A ce sujet, on peut citer la "Loi d'Unités Minimum de Culture", la "Loi des Patrimoines Familiaux" et la "Loi d'Exploitations Familiales Agraires". De ces trois textes législatifs, on n'applique que celui des Unités Minimum de Culture qui empêche la division au-dessous d'une superficie définie comme "suffisante pour que les travaux fondamentaux, utilisant les moyens normaux de production, puissent être réalisés avec un profit satisfaisant".

On poursuit par elles le développement de régions essentiellement agricoles en élaborant des programmes coordonnés par l'Administration et par les intéressés eux-mêmes. De cette façon, en même temps qu'on restructure les exploitations, on provoque une amélioration des niveaux d'instruction et de formation professionnelle ainsi qu'une revitalisation des centres urbains par de plus grandes perspectives d'avenir.

Les mesures et les dispositions qui entrent dans l'aménagement rural d'une zone comportent celles-ci:

(a) Redistribuer la propriété pour constituer des exploitations économiquement viables.
(b) Procéder au remembrement conformément à la législation sur cette matière.
(c) Mettre sur pied l'agriculture de groupe en stimulant la constitution de coopératives, de groupes syndicaux, d'autres formes d'association syndicale entre agriculteurs ou de sociétés légalement protégées qui auront pour objet de réaliser en commun toutes ou certaines des finalités de l'exploitation agricole.
(d) Encourager la modernisation des exploitations agricoles par l'amélioration de leurs installations, la mécanisation et en général la dotation des biens de capital adéquats.
(e) Planifier, animer et réaliser, le cas échéant, les travaux et les améliorations des territoires et des plantations que demandera la meilleure exploitation des ressources naturelles des zones.
(f) Elaborer des plans indiquant les cultures et les normes d'instruction dans les techniques et les pratiques les plus adéquates et établir également, en collaboration avec les agriculteurs, des parcelles expérimentales et d'autres travaux semblables qui tendront à satisfaire les fins prévues à l'article 1.
(g) Proposer et encourager l'établissement d'industries agricoles et en général le développement d'activités déterminant la création d'emplois susceptibles d'absorber le sous-emploi et l'excédent de main-d'oeuvre dans les zones qu'on aménagera.
(h) Elever le niveau professionnel et culturel des agriculteurs de la zone, encourager l'instruction des jeunes exploitants agricoles et contribuer à une meilleure utilisation pour la production de

la population agricole excédentaire dans des activités d'autre caractère, dans la région ou hors d'elle, en utilisant à cet effet, les Centres officiels et syndicaux qui apparaîtront les plus appropriés.

Pour le traitement adéquat des problèmes que pose l'émigration, on doit adopter, à notre avis, un ensemble de mesures qui doivent entrer dans un programme déterminé de développement régional qui, basé sur la modification des structures agricoles, doit essayer, de même, de modifier les structures mentales et aussi les structures du monde rural.

4

PH. MAINIE

RESTRUCTURATION FONCIERE ET POLITIQUE AGRICOLE: FRANCE

INTRODUCTION

"Rien n'est plus difficile à déplacer que l'homme" écrivait Adam Smith. Et pourtant, la prémière révolution agricole, à la fin du 18ème et au 19ème siècle, s'est accompagnée de grands déplacements de population. La théorie économique est restée longtemps silencieuse sur le phénomène des migrations.

En France, le phénomène s'amplifie d'un recensement à l'autre. Le rapport entre le nombre de personnes présentes dans un département autre que celui où elles sont nées et la population totale, s'est accrue de 0.11 en 1861 à 0.26 en 1936.

"Les migrations de main d'oeuvre dépendent étroitement de la place des industries croissantes dans l'ensemble économique national".[1] Ces transferts de population vont des secteurs à faible productivité par travailleur vers les secteurs à forte productivité et ont un impact important sur la croissance économique. Le passage d'une proportion de 30% de la population active dans l'agriculture vers 1945 à 20% en 1965 a été ainsi un facteur déterminant du développement économique de la France. Les forces de travail en situation de chômage caché ont connu, par l'exode rural, le plein emploi.

Le réservoir agricole sera-t-il bientôt vide? La question mérite un examen attentif, pour déceler dans les 20 prochaines années l'apparition de goulots d'étranglement dans l'emploi.

[1] H. Bartoli, "Analyse et signification des entreprises de main-d'oeuvre", (*Cahiers de l'ISEA*. AB, 6, n° 177. Septembre 1966).

En même temps que se développe ce phénomène, il convient de remodeler les exploitations agricoles, ne serait ce que pour ne pas provoquer de tensions inflationnistes sur le marché alimentaire.

A l'opposé du phénomène d'émigration, l'immigration joue, pour le secteur qui accueille les nouveaux venus, un rôle bénéfique, lorsque ces immigrants sont constitués de gens qualifiés et dynamiques. Un phénomène récent en France, l'arrivée d'agriculteurs repatriés d'Afrique du Nord et leur installation dans le secteur agricole, peut à ce titre jouer un rôle de transfert de connaissances, d'initiatives et de capacité d'organisation dans l'agriculture. Il est trop tôt pour en mesurer l'effet sur le remodelage des exploitations agricoles françaises. Mais ce phénomène peut être d'une grande importance au moment où l'exode naturel vieillit la population active du secteur agricole et où, simultanément, la modernisation des techniques entraine un besoin croissant de technicité.

Dans une première partie, on analysera les relations qui existent entre le réservoir agricole de main-d'oeuvre et la structure des exploitations agricoles. Dans une seconde partie, la politique agricole en matière foncière sera examinée. On essaiera d'apporter quelques éléments pour juger de son efficacité. L'entreprise reste cependant hasardeuse, à cause des multiples interdépendances qui jouent entre causes et résultats.

En conclusion, on indique les organismes qui sont en France intéressés par l'étude de ces problèmes. Une hypothèse sur le type probable d'agricultre vers lequel nous allons, sera exposée.

1. EFFETS DES MOUVEMENTS DE POPULATION ACTIVE AGRICOLE

1.1. *Le "réservoir" de main-d'oeuvre agricole*

Entre 1954 et 1962, 160.000 personnes d'origine agricole ont chaque année quitté définitivement cette profession. C'était le double de ce qui avait été prévu par le IVème plan. Le réservoir de main-d'oeuvre paysanne tend à se vider au rythme de 3,2% par an, plus rapidement que par le passé. La population active agricole représente encore 20% environ de la population active totale en 1962.

Les travailleurs familiaux ont diminué considérablement (—4,3% par an en moyenne entre 1954 et 1962), ainsi que les *salariés* (—3,5%). La diminution du nombre d'*exploitants* est beaucoup moins rapide (—1,6%).[2] Leur mobilité professionnelle est en effet bien moindre; ils sont plus âgés; ils sont attachés à leur métier, et n'ont d'autre alternative que de continuer à cultiver ... Dans quelle mesure, ces trois catégories de personnes contribuent elles à fournir des forces de travail aux secteurs non agricoles de la Nation? Les enfants d'agriculteurs, qui changent de métier, s'orientent vers des métiers exigeant une faible qualification professionnelle. Faute d'une information suffisante, sur 10 partants, 3 se retrouvent manoeuvres, 2 vont dans le bâtiment, 1 est chauffeur ... Ajoutons que l'exode agricole se fait essentiellement sur place, puisque 40% des partants seulement dépassent les limites de leur commune, et 20% celles de leur région.

Par ailleurs les salariés agricoles voient leur effectif fondre pendant le même période. La diminution est beaucoup plus rapide pour les femmes que pour les hommes. L'Appel de l'industrie se fait sentir ainsi non seulement par ces départs, mais aussi par le niveau de rémunération de ceux qui restent employés en agriculture.[3]

Ces départs sont comblés en partie par un accroissement notable de la main-d'oeuvre saisonnière, immigrés des pays étrangers (Espagnols, Portugais, Marocains, Italiens, selon un ordre d'importance décroissant).[4]

Enfin, parmi les chefs d'exploitations, *les agriculteurs à temps partiel* constituent pour l'industrie une dernière source de main-d'oeuvre. Le phénomène du "part time" est inégalement développé selon les régions, car il dépend du degré de décentralisation industrielle.[5] Pratiqué depuis longtemps en vallée du Rhône, dans

[2] Insee, Comparaison des recensements de 1954 et 1962.

[3] P. Delorme, "L'évolution du Salariat en agriculture", *Economie Rurale* 67 (janv. 1966).

[4] Statistiques de la direction générale de l'enseignement et des affaires professionnelles. Ministère de l'Agriculture.

[5] M. Cepede, "Agriculture à temps partiel", FAO *Rapport France* (ronéo, Paris: INA, 1966).

Dans la population des membres des familles de chefs d'exploitation, 38%

l'Allier (Michelin), dans le Nord, il apparaît aujourd'hui dans des régions restées très agricoles (Bretagne). 500.000 exploitations agricoles seraient ainsi des exploitations de complément (ce chiffre paraît largement sous-estimé). Leur surface moyenne est de 4 ha, elles couvrent 5% de la surface agricole utile nationale, occupent 4,6% de la population active agricole et fournissent 3,1% du produit brut agricole.[6]

Ce réservoir agricole de main-d'oeuvre est-il prêt de s'épuiser? La catégorie la moins touchée par l'exode rural est constituée par les chefs d'exploitations (30.000 indépendants et employeurs quittaient chaque année l'agriculture sur un total de 160.000 actifs agricoles). Ceux-ci constituent aujourd'hui la partie la moins touchée de ce réservoir, celle qui peut, dans les prochaines années, fournir le gros des effectifs de migrants professionnels?

Le taux de renouvellement des chefs d'exploitation entre 1955 et 1963 est de 0.54. Ce calcul brut fait apparaître que le nombre de sortie est approximativement le double de celui des entrées dans le métier.[7] La mortalité et les abandons se produisent de manière différente suivant la taille des exploitations. La même étude montre que les jeunes générations reprennent rarement des exploitations petites et que les générations anciennes disparaissent plus vite sur les exploitations moyennes et se maintiennent plus longtemps sur les petites exploitations de retraite et les grandes entreprises. Dans ce dernier cas, il semble qu'un certain nombre d'agriculteurs "agrandissent leur surface au terme d'une vie active ayant permis un certaine accumulation de capital" et préfèrent ainsi l'installation

---

travaillent à temps partiel. Jusqu'à 25 ha., il y a plus de travailleurs à temps partiel que de travailleurs à temps plein. Il s'agit là, essentiellement, de l'agriculture à temps partiel des "pauvres".

Le phénomène traditionnel de l'alternance individuelle des "ouvriers paysans" paraît en diminution. Par contre, l'alternance se fait au niveau de la famille. De plus, des formes nouvelles d'alternance apparaissent par l'intermédiaire des productions sur contrat. C'est l'agriculture à temps partiel des "riches".

[6] J. Chombart-de-Lauwe, "L'armée des exploitations agricoles françaises", *Projet* 9 (novembre 1966).

[7] A. Brun, *Diminution de population active agricole et croissance en surface des exploitations* (INRA, Paris, 1967).

de leurs enfants: "Les chefs de grandes exploitations retardent plus que les autres le moment de leur retraite".

La pyramide des âges de la population agricole présente une allure de "bobine", avec un rétrécissement des effectifs entre 20 et 45 ans, aussi bien pour les hommes que pour les femmes (voir annexe 1). C'est un signe net de l'amoindrissement du réservoir agricole de main-d'oeuvre. Ajoutons que les effectifs de la tranche située entre 0 et 4 ans sont légèrement inférieurs à ce qu'ils sont pour la population nationale (garçons: 6,3% contre 7,6%; filles 6,6% contre 6,9%0).

N'est-ce pas un signe avant-coureur de la disparition lontaine des migrations hors de l'agriculture?

La nuptialité à la campagne a diminué dans de fortes proportions. On savait déjà que la majorité des ouvriers agricoles est contrainte au célibat. Il semble que cette situation soit aussi le fait d'un grand nombre d'exploitants ou de membres de leur famille. La proportion de célibataires est beaucoup plus forte dans la population agricole que dans l'ensemble de la population française, en particulier dans la classe des personnes âgées de 25 à 29 ans.

Proportion des célibataires par tranche d'âges en 1964, dans la population agricole et totale

Catégories de population	15-19 ans	20-24 ans	25-29 ans	30-34 ans	35-39 ans	40-44 ans
	%	%	%	%	%	%
Population agricole	99,8	93,8	59,8	37	28,5	22,2
Ensemble de la population française	99,7	84,5	39	21,8	17	14,5
Différence	0,1	9,3	20,8	15,2	11,5	7,7

Sans qu'il soit possible de faire des calculs précis, ces faits montrent qu'il faudra probablement attendre encore plus d'une génération au moins avant de voir diminuer, toutes choses restant égales par ailleurs, puis s'éteindre l'exode agricole. La stabilisation pourrait se produire lorsque 4% de la population active seulement travaillera dans l'agriculture. Ce stade ne parait pas pouvoir être atteint avant 1985-95.

1.2. *Emigration et libération de terres*

C'est le devenir des chefs d'exploitation qui agit principalement sur l'occupation du sol. Les enfants peuvent partir en ville, si le vieux père demeure, la terre ne sera pas libérée pour autant. Pour qu'il en soit ainsi, il faudra donc non seulement que le chef d'exploitation n'ait pas de successeurs dans son métier (un fils qui reprend . . .), mais encore qu'il "prenne sa retraite". Ceci explique pourquoi les conséquences des changements démographiques de la population agricole ne se font sentir qu'au bout de 15 à 20 ans. C'est le "nombre moyen d'années qui sépare, dans une famille d'exploitants agricoles, l'époque de la mutation professionnelle des enfants de celle où l'exploitant cesse son activité".[8]

Du seul fait de l'absence de successeur, il devrait rester 1.000.000 d'exploitations seulement vers 1980. De 1963 à 1978, il y aurait 600.000 ha libérés en moyenne chaque année par les départs définitifs (retraite ou décès sans reprise de l'exploitation par un successeur).

La proportion des terres libérées varie beaucoup selon les régions. Il existe des zones stables, où le renouvellement est fort et la libération de terres faible. C'est le cas de la Bretagne, région d'exploitations familiales moyennes et petites, encore très peuplée, où le nombre des successeurs reste élevé. C'est aussi le cas des régions de riche culture, telle la région parisienne, la Champagne, la Picardie et le Nord. A l'opposé existe des zones où les terres sont ou vont être libérées en grande quantité: Aquitaine, Midi Pyrénées, Massif Central.

Ce remue ménage démographique et foncier est l'amorce d'un changement profond dans les types d'exploitation. Depuis 1955 se produit un renversement dans la tendance à l'extension de la surface moyenne des exploitations. Le nombre des exploitations de plus de 100 ha, qui diminuait régulièrement, s'est mis à croître plus que toutes les autres catégories d'exploitations. Quant à celles qui sont comprises entre 10 et 20 ha, leur nombre diminue désormais beaucoup plus vite que par le passé.

[8] A. Brun, *op. cit.*

1.3. *Evolution du nombre d'exploitations et mode d'utilisation du sol*

Le nombre total d'exploitations a diminué de 17% entre 1955 et 1963. Le rythme de la baisse varie beaucoup selon les régions. Ces différences soulignent combien le devenir de l'agriculture est lié au développement des autres secteurs d'activités. Les plus fortes diminutions s'enregistrent dans les zones montagneuses (effets de l'industrie et du tourisme dans les Alpes), dans le Nord, la Lorraine et l'Alsace (accroissement des emplois industriels). En région parisienne, et en Picardie, les migrations professionnelles sont très anciennes, il n'y a que peu de disparitions d'exploitations aujourd'hui. La Bretagne et la Normandie, qui enregistrent la plus faible diminution, jouent encore le rôle de réservoir démographique. Dans le Centre et le Sud-Ouest, la faiblesse du nombre des emplois urbains ralentit la baisse du nombre d'exploitations. Le département du Vaucluse mérite une mention particulière: l'essor des cultures spécialisées (légumes et fruits) entraîne une très faible diminution du nombre d'exploitations.

Ces exploitations sont essentiellement en faire valoir direct ou mode associé. Le fermage pur ne représente que 353.000 exploitations sur 1.900.000. En surface, le faire valoir direct ne représente cependant que *la moitié de la surface agricole utile.* L'autre moitié des terres appartient à des non-agriculteurs.

L'appropriation du capital foncier dans les entreprises agricoles se fait donc essentiellement selon le mode privé. C'est là une lourde sujétion pour les agriculteurs, dont une grosse partie des efforts, au cours de leur vie active, consiste à se rendre maître de l'usage du sol (rachat ou reprise de terres). C'est pour eux une question vitale de sécurité.

D'une part, ils paient à leurs cohéritiers la valeur du patrimoine hérité qui leur revient. Ensuite, s'ils désirent agrandir l'entreprise, il faut acheter . . . Pour ce faire, les agriculteurs se trouvent non seulement en compétition entre eux, mais encore (et surtout?) avec les non-agriculteurs (citadins ou ruraux).

Le sol n'est donc pas seulement l'instrument de production indispensable, c'est aussi *un bien spéculatif*, qui intéresse les épargnants.

4 millions de personnes environ, soit près du tiers des ménages

(27%) serait des propriétaires fonciers.[9] Parmi eux, 3.100.000 sont des citadins, qui mettent en valeur leurs terres par contrat avec 400.000 fermiers en métayers exclusifs et 640.000 agriculteurs eux-mêmes propriétaires d'une partie des terres qu'ils exploitent.

Quel est le comportement économique de ces personnes sur le marché foncier? En quoi affecte-t-il la lente transformation des exploitations agricoles?

Une récente étude montre que, dans 35 départements, *les agriculteurs ont globalement acheté en 1963-64 plus de terres qu'ils n'en ont vendues.*

Toutefois la nature des transactions n'est pas du tout la même selon que l'on a affaire à des mutations portant sur des surfaces inférieures à 10 hectares, ou sur des surfaces supérieures à 50 hectares. Dans le département du Cher, "pour 100 mutations de 1 à 7 hectares, les agriculteurs sont les principaux acquéreurs (61%); par contre, pour 100 mutations supérieures à 50 hectares, les personnes des secteurs secondaires et tertiaires sont les principaux acquéreurs".[10] Les acquéreurs urbains non agriculteurs s'intéressent essentiellement aux mutations de grande ou moyenne superficie, mis à part les acheteurs de résidences secondaires, qui se contentent de surfaces inférieures à l'hectare.

Ces mutations de grandes exploitations et de terres vendues occupées n'entraînent donc aucune réorganisation structurelle dans l'immédiat. Ainsi une faible partie des terres faisant l'objet d'une vente, peut être le quart, sert à l'agrandissement moyen des exploitations agricoles, lorsque ces achats sont le fait d'agriculteurs. Ainsi s'explique la *lenteur de l'étoffement des exploitations trop petites par le seul jeu du marché foncier.*

1.4. *Les formes capitalistes de production progressent-elles?*

Si l'on met à part "le bloc des malchanceux", véritable "chair à canon de la croissance économique", 72% de la production brute

[9] J. Madec, "La lutte pour la possession de la terre", *Economie Rurale* 70 (4ème trim. 1966), p. 57.
[10] J. Madec, *op. cit.*

agricole provient de deux catégories d'entreprises:[11]

(a) *Le groupe des exploitations familiales moyennes*, exploitant entre 20 et 100 ha, représente 24% du nombre total, couvre 52% des surfaces et assure 44% du produit brut. Les plus grandes occupent un salarié. Celles-là vivent bien, c'est le "bijou" de l'agriculture paysanne. Les plus petites (moins de 50 ha) sont pourtant menacées par le suréquipement, qui impose sur les surfaces exigües des charges financières trop lourdes.

(b) L'*avant-garde* comprend les *grandes exploitations* de plus de 100 ha, assurant 8,7% du produit brut et *les exploitations spécialisées*, assurant 18.6% du produit brut. A elles deux, elles sont peu nombreuses (10% du nombre total) et occupent 16% de la surface. "Elles attirent l'attention des envieux, soit parce qu'elles sont des cas exceptionnels dans des régions de petites exploitations, soit parce qu'elles sont localisées dans le Bassin Parisien et constituent un groupe de pression jouant un rôle actif dans la politique agricole". Les betteraves et les céréales sont justement les cultures "favorisées" par les pouvoirs publics.

Comment vont évoluer dans l'avenir la part des deux groupes précédents. Nous avons déjà signalé la lente augmentation, depuis une époque récente, des exploitations de plus de 50 et de 100 ha. Mais le "capital", la mécanisation, fait aussi son entrée dans les exploitations moyennes. Y-a-t-il pour autant développement du mode capitalistique de production en agriculture?

Deux indices peuvent permettre de suivre globalement ce phénomène: l'évolution du nombre de salarié par exploitation et leur degré de motorisation (nombre de CV).

1.4.1. *Le facteur travail*

Lorsque la surface de l'exploitation passe de 20 à 100 ha, la proportion de salariés dans les travailleurs permanents croit de façon

[11] J. Chombart-de-Lauwe op. cit. et J. Sebillotte, "Ebauche de classification économique des exploitations agricoles en 1963", *Economie Rurale* 70 (4ème trim., 1966).

régulière. Elle ne dépasse jamais la moitié des effectifs. *A partir de 100 ha*, un saut brusque se produit: il existe alors *deux salariés permanents pour un travailleur familial* à plein temps.

Ces grandes exploitations n'arrivent pas à faire face à leurs besoins en main-d'oeuvre pour les travaux non mécanisés, tels que binage des betteraves, récoltes de fruits, repiquage du riz, vendange. Elles font largement appel à la main-d'oeuvre *saisonnière*. Si l'intensité capitalistique de la production agricole croît, le nombre des travailleurs saisonniers augmente, dans l'état actuel des techniques et de l'équipement.

Cette main d'oeuvre ne peut plus être fournie par le pays lui-même. Aussi devrait-on voir l'immigration en provenance des pays moins industrialisés, en particulier à partir des pays méditerranéens, s'accentuer.

Si l'on fait abstraction de la dimension des exploitations, et si l'on considère seulement la répartition géographique des travailleurs dans l'agriculture, on peut distinguer 3 types de région et d'agriculture: les régions d'agriculture essentiellement familiale, dans lesquelles 90% et plus du travail est fourni par la famille, les régions mixtes (75 à 90 du travail familial dans le travail agricole total), enfin les régions où la structure de l'emploi est proche de la forme "industrielle" (moins de 75% de travail familial dans le travail total). Ce sont dans ces règions que l'on trouve le plus de grandes et très grandes exploitations (proportion supérieure à 30% du nombre des exploitations de plus de 50 et 100 ha) ou d'exploitations spécialisées (maraîchage, arboriculture, vigne).

1.4.2. *Le degré de mécanisation*

Le nombre de tracteurs est actuellement de 932.600 unités. Mais il s'agit pour une partie de tracteurs "miniaturisés". Si l'on étudie la répartition des tracteurs en fonction de leur puissance, on s'aperçoit que, dans la plupart des départements, le mode se situe à moins de 20 CV ou entre 20 et 24 CV.

Le nombre de "Cheval-Vapeur" par exploitation agricole augmente évidemment avec la surface de l'entreprise. Toutefois, les "petits tracteurs" sont, dans une grande proportion, la contrepartie des "travailleurs familiaux".

1.5. *Les formes coopératives de production*

Les "groupements agricoles d'exploitation en commun" (GAEC), institués selon les termes de la loi, consolident juridiquement une manifestation de l'entr'aide qui existe depuis longtemps en agriculture. Un récent recensement montre cependant que ce mouvement est encore très limité dans son extension. Il existe environ 400 GAEC. La moitié est constituée d'associations entre membres d'une même famille (entre père-fils ou entre frères). Ces groupements exploitent 23.000 ha en propriété et 24.000 ha en fermage, ce qui représente en moyenne 117 ha par GAEC. Ils regroupent 500 associés et 450 salariés (soit 50 ha par travailleur).

Les difficultés rencontrées dans les associations tiennent à l'individualisme ou à la fréquente cohabitation des associés. Elles résultent aussi des réactions souvent défavorables du milieu ambiant.[12] Il existe des contraintes générales qui freinent l'extension de ce mode de production: les contraintes foncières, financières et commerciales jouent là pour rendre fragile aussi bien les GAEC que les autres formes modernes d'entreprise. A celles-ci s'ajoutent des contraintes spécifiques qui sont liés au mode collectif de gestion et au statut des salariés: s'agit-il de simples coopératives d'entrepreneurs, détenteurs de capitaux, ou de coopératives de travailleurs?

2. LA POLITIQUE AGRICOLE DES STRUCTURES DE 1945 A 1966

2.1. *Deux périodes*

La politique agricole durant ces vingts dernières années a été bâtie successivement autour de deux impératifs. Au lendemain de la guerre, il était nécessaire en premier lieu de *produire* davantage.

[12] UGEA, "Les groupements d'exploitation", *Journées nationales d'études*, premier févr. (1967).

L'agriculture avait souffert du manque de bras (beaucoup de prisonniers étaient des paysans), du manque d'engrais chimiques, du manque de machines. Pour que la reprise économique ait lieu sans inflation, il y avait urgence à combler le déficit alimentaire. Le gouvernement et les agriculteurs s'y employèrent pendant la phase 1945-1955.

C'est depuis la signature du traité de Rome qu'est apparu avec plus d'acuïté un deuxième objectif: *devenir compétitif.* Parmi toutes les actions susceptibles d'y aider, l'action sur les structures a occupé une place de choix dans les mesures prises au cours des dix dernières années.

Pour produire davantage toute une série de mesures fut prise, en particulier la vulgarisation des progrès techniques. Parmi elles, il en est une dont l'effet sur les structures sera notable, c'est l'aide à la mécanisation. Les achats de matériel (tracteur en particulier) ont été encouragés par l'octroi d'une subvention de 15% sur le prix d'achat. Le nombre des tracteurs est passé de 108.000 en 1948 à près d'un million en 1965. Cette aide à la mécanisation a été sévèrement jugée par les économistes, probablement à tort. Le tracteur, enserré dans des structures trop petites, est financièrement difficile à amortir. Les constructeurs ont bien essayé de "miniaturiser" leurs appareils, mais le coût d'emploi du tracteur reste élevé et bien des agriculteurs qui se sont mécanisés, ont vu leur situation économique demeurer précaire. Par contre, *ces petits tracteurs ont permis à la production agricole de se maintenir malgré l'exode rural.* Le tracteur, acheté pour inciter le fils à rester dans l'agriculture, est vite devenu le moyen de se passer de main-d'oeuvre familiale et salariée. Il faut observer que la carte indiquant le pourcentage d'exploitations utilisant un tracteur, se superpose tout à fait à celle qui indique l'importance des actifs agricoles masculins. En ce sens, l'aide à la motorisation, condamnable à cause de l'exiguïté des entreprises, a été un moyen efficace de faire face aux migrations professionnelles hors de l'agriculture. C'était en quelque sorte le prix à payer par la collectivité pour déplacer une catégorie de population d'un secteur à faible productivité vers des secteurs à haute productivité, c'est-à-dire l'un des prix à payer pour accélérer la croissance économique entre 1945 et 1955.

Parmi les autres actions spectaculaires, destinées à accroître la capacité productive de l'agriculture, figure l'action dite des grands aménagements régionaux. C'est une entreprise de longue haleine, coûteuse, qui intéresse des surfaces limitées. Il est trop tôt, semble-t-il, pour en établir un bilan.

2.2. *Devenir compétitif . . . d'abord en déblayant le terrain*

Il y a des régions trop peuplées, d'autres insuffisamment occupées. Les migrations "naturelles" sont un vieux phénomène. Les immigrants italiens ont peuplé la vallée de la Garonne dès avant la guerre. Les Bretons émigrent vers le sud depuis longtemps. Est-il possible d'accélérer et d'humaniser ces transferts géographiques au sein de l'agriculture?

C'est la première action qui a été entreprise dès 1949 par les syndicats des migrations rurales (SMER) et leur association nationale (ANMER).

A ce "déménagement interne" est venu s'ajouter douze ans plus tard, avec la loi complémentaire d'orientation agricole de 1962, des mesures destinées à accélérer le déménagement hors de l'agriculteurs âgés. Le Fond d'Action sociale pour l'aménagement des structures agricoles (FASASA) s'est vu assigné pour premier but "d'allouer un complément de retraite, leur vie durant, aux agriculteurs âgés, qui, cessant leur activité ou cédant librement leur exploitation, favorisent par là un aménagement *foncier*". Ce supplément de retraite est appelé indemnité viagère de départ (IVD). Ces deux types d'action sont aujourd'hui regroupés au sein du Centre National pour l'aménagement des structures des exploitations agricoles (CNASEA).

2.2.1. *Aider les agriculteurs migrants*

La France est le seul pays d'Europe de l'Ouest où les migrations internes d'exploitants agricoles sont officiellement organisées et leur réalisation confiée à un seul organisme. Avant la création du CNASEA, c'était une association privée, l'Association Nationale de migration et d'établissements ruraux qui était chargé de ces taches.

La raison fondamentale de la création de l'ANMER est de permettre à des agriculteurs, qui ne trouvaient pas d'exploitations dans les régions surpeuplées, de s'établir dans un autre département, où la tension sur le marché des terres était moins grande.

Ainsi, espérait-on pallier à l'inégale répartition géographique de la population active agricole. Un surplus d'agriculteurs existe dans certaines régions bien déterminées (Nord, Ouest de la France jusqu'à la limite de la Vendée et de la Loire) et dans d'autres régions (une partie de l'Est, le Centre, le Sud-Ouest et le Sud-Est) le nombre d'exploitants est relativement faible.

De plus, on résorberait partiellement le sous-emploi caché, lié à l'excédent de main-d'oeuvre familiale des exploitations trop petites. La création d'une institution était nécessaire pour faciliter la rupture sociologique permettant à des exploitants de connaître et de décider de s'établir dans des régions moins développées que celles où ils résidaient.

L'ANMER, association créée selon ce loi de 1901, associe les béneficiaires des actions "migratoires et établissements" avec les organisations professionnelles agricoles à vocation générale, économique, financière, et sociale et les pouvoirs publics qui la subventionnent et la contrôlent.

L'ANMER facilite: — l'établissement d'agriculteurs qui migrent d'une région classée de "départ" vers une région classée "accueil";[13] l'établissement d'agriculteurs français rapatriés d'outre-mer; l'établissement d'agriculteurs autochtones qui désirent s'établir dans leur département ou dans un département classé dans la même catégorie, dans le cadre du décret du 3 mars 1962, relatif à la

[13] Les régions de "départ" sont des parties de territoire où l'importance de la population active agricole, la structure des exploitations et les systèmes de culture rendent difficile l'installation sur place des candidats exploitants (art. 9 du décret n° 63-453 du 6.5.1963 relatif aux migrations rurales). L'article 10 du même décret précise, que "sont considérés comme zone "d'acceuil", les départements ou régions agricoles dont le faible effectif de population active agricole, la forte proportion d'agriculteurs de plus de 55 ans, les perspectives du remplacement des exploitants déjà installés, les possibilités d'aménagement des structures d'exploitations déjà constituées ou de création de nouvelles exploitations, les difficultés d'établissement relativement moins accentuées que dans les zones définies par l'art. 9, sont de nature à rendre possible l'installation d'agriculteurs.

"promotion sociale établissement"; enfin la mutation d'exploitants dans le cadre du décret nº 63-454 du 6 mai 1963.

L'ensemble de l'organisation effectue, pour le compte et à la place des pouvoirs publics, les opérations suivantes:

— informer, renseigner, sélectionner et orienter les candidats;
— rechercher des exploitations, les expertiser, définir les conditions du contrat de location ou d'achat;
— effectuer le "mariage" entre le candidat à l'établissement et l'exploitation, dresser un programme de production, faire les plans de financement, donner les premiers conseils techniques aux migrants installés.

Le financement de l'organisation provient des fonds publics et des fonds privés. Ces derniers représentent un vingtième du financement total.

Dans un document intitulé "Indications sommaires et chiffrées concernant certains résultats de la politique des migrations rurales" et publié le 5 décembre 1963, le ministère de l'agriculture donne les résultats suivants (en %) sur les raisons invoquées par les migrants de 1962 pour s'établir dans une autre région:

— besoin d'agrandissement de l'exploitation	32.5
— établissement des enfants	2.0
— vente ou reprise de l'exploitation par le propriétaire ou les ayants droit	18.0
— impossibilité de réaliser une première installation dans le département (fils d'exploitants, ouvriers agricoles) . . .	40.9
— partage de l'exploitation avant le départ (cas de deux familles sur la même exploitation)	1.3
— autres raisons: expropriation, logement insuffisant etc.	5.3
	100.0

En ce qui concerne les exploitations, l'ANMER ne procède pas à la création de nouvelles exploitations, ce rôle étant dévolu aux sociétés d'aménagement foncier et d'établissement ruraux (SAFER).

Toutefois, pour établir un agriculteur migrant, l'ANMER opère quelquefois la fusion de deux exploitations. Une distinction sur le plan des modalités de l'action doit cependant être soulignée.

Les SAR et les SAFER achètent les exploitations et les terres, puis les rétrocèdent après aménagement. L'ANMER, par l'intermédiaire de ses syndicats, ne fait que mettre en présence le propriétaire vendeur ou le bailleur avec le candidat migrant acheteur ou locataire. Son rôle est de conseiller et d'assister le migrant dans la transaction

— jusqu'à la fin de 1964 les migrations ont intéressé près de *9.000 familles et environ 45.000 personnes;* il faut y ajouter l'aide au reclassement de *6.000 rapatriés représentant environ 24.000* personnes;

— plus de 100.000 ha ont été "libérés" dans les zones de départ par les agriculteurs migrants, 320.000 ha ont été repris en zone d'accueil par les seuls migrants de l'intérieur;

— dans la quasi-totalité des cas la migration permet de réaliser une ascension sociale incontestable et une restructuration des exploitations.

C'est ainsi que plus de 35% des agriculteurs migrants, ouvriers ou fils d'exploitants, n'étaient pas installés avant leur migration et n'avaient aucune chance de s'établir dans leur pays d'origine. Parmi ceux déjà installés (familles nombreuses pour la plupart) les surfaces moyennes laissées au départ étaient de 19 à 20 ha, les surfaces reprises à l'accueil de 35 ha en moyenne;

— lorsqu'on interroge les migrants après leur installation en région d'accueil il est surprenant de constater à quel point le fait de disposer désormais de surfaces à la mesure de leur potentiel de travail personnel et familial change l'optique de ces agriculteurs par rapport à leur situation avant la migration.

Il est toujours difficile de connaître avec précision les disponibilités financières des candidats; toutefois, une enquête menée en 1964 par l'ANMER donne les résultats suivants:

Candidats (en %)	Liquidités disponibles (en F.)
58	moins de 10.000
25	de 10 à 50.000
17	plus de 50.000

Pour apprécier le capital exact d'un migrant il faut ajouter la valeur du cheptel vif et mort.

Lorsqu'un candidat désire acheter une exploitation, les SMER lui recommandent de posséder en ressources financières la moitié du prix de vente de l'exploitation et une partie du capital d'exploitation; le cheptel vif et mort qu'il peut valablement transférer sur l'exploitation de la région d'accueil compte évidemment dans le calcul du capital d'exploitation.

2.2.2. *Accélérer le départ des vieux agriculteurs*

En 1962, l'Etat voulait faire de l'utile, et limiter les compléments de retraites accordés par le FASASA aux seuls agriculteurs âgés qui cèderaient une superficie suffisante. Le but de l'opération était double; d'une part, cette action rajeunirait les chefs d'exploitations, d'autre part cette libération de terre augmenterait la superficie moyenne des exploitations restantes.

L'IVD oscille entre 1200 et 2.000 F/an, la moyenne actuelle attribuée est de 1.470 F/an. Elle vient s'ajouter au régime de retraite agricole normal. La retraite de base étant de 1.300 F par personne auquel s'ajoute une allocation du fond national vieillesse de 800 F, le bénéficiaire de l'IVD peut donc obtenir au maximum une retraite de 3.600 F/an.

En 1963 et 1964, peu de dossiers ont été constitués, les conditions définies quant à la superficie à libérer étant jugées trop sévères par les agriculteurs.[14] Ces règles ont été assouplies très largement en 1965; et l'on a assisté à un véritable "rush" de demandes.

[14] L'IVD était attribuée initialement aux agriculteurs libérant une surface égale à 1,5 fois la surface "minimum cumul", définie dans chaque département par la commission des cumuls. Dans le Puy de Dome, il aurait fallu libérer ainsi 27 ha. On se réfère maintenant à la superficie médiane des exploitations, calculée d'après les chiffres de la mutualité sociale. Dans le Puy de Dome, elle varie entre 4 et 12 ha. selon les régions.

En 1965, et jusqu'au 1er janvier 1967, 72.664 dossiers ont été acceptés.

Parmi eux 46.000 bénéficiaires ont pu augmenter leurs surfaces exploitées de 1.161.000 ha à 1.734.708 ha environ (+573.662 ha).[15]

La moitié des opérations faites par l'IVD sert à rajeunir les chefs d'exploitations et ne s'accompagne d'aucune restructuration foncière lorsqu'il existe un successeur sur l'entreprise.

L'autre moitié concerne des agriculteurs dont aucun successeur ne veut reprendre les terres. Elle sert ainsi directement à la restructuration foncière. Ceci explique pourquoi les 47.000 bénéficiaires qui ont agrandi leurs exploitations n'ont pu bénéficier de la totalité des terres transmises à des plus jeunes agriculteurs.

Le coût total de l'opération pendant 21 mois (1er janvier 1965 à 1er Octobre 1966) est de 105.600.000 F. On évalue à 55.000 le nombre de dossiers qui pourraient être acceptés en 1967. Avec le cumul des années, le coût de l'opération est estimé à 400.000.000 F en 1970 pour l'Etat. L'objectif étant alors d'avoir accordé le bénéfice de l'IVD à 200 ou 250.000 personnes, c'est-à-dire la moitié des agriculteurs de plus de 65 ans qui continuent actuellement à exploiter.

Combien d'hectares risquent d'être libérés plus vite par cette action? Si on admet que ces 200 à 250.000 bénéficiaires libèreront proportionnellement autant de terres que les 72.000 premiers, la superficie totale libérée par anticipation serait comprise entre 2 et 2,5 millions d'hectares au cours des 5 prochaines années, soit près de 500.000 hectares par an.

Rappelons que la loi prévoit de limiter l'action du FASASA à 12 années (1962–1974).

Est-ce une intervention efficace? Certains disent que cette action ne fait qu'anticiper de quelques années une retraite certaine. Comme l'IVD est donnée pratiquement à presque tous les demandeurs, puisque 73.000 dossiers ont été acceptés sur 103.000 déposés, cette action est finalement une simple augmentation de retraite. On peut objecter que, dans une profession encombrée de gens âgés, il est anormal qu'il n'y ait rien de fait pour favoriser les départs et

[15] *Bulletin d'information du Ministère de l'agriculture* 312 (18 févr. 1967).

que ceci constitue une justification suffisante pour l'IVD. Il semble prématuré de porter un jugement et de savoir si ces dépenses publiques sont compensées par une accélération notable de l'accroissement en surface des entreprises agricoles et si elles contribuent à augmenter le revenu agricole.

2.2.3. *Faciliter la mutation professionnelle des enfants d'agriculteurs*

L'action du FASASA comprend aussi la distribution de bourses à des enfants d'agriculteurs, pour qu'ils acquièrent dans un centre de formation professionnelle un nouveau métier (industriel et para-agricole). 5.000 bénéficiares en 1966 ont vu ainsi leur mutation professionnelle mieux préparée. C'est une action très utile tant pour les intéressés que pour la Nation, qui a besoin de plus en plus de travailleurs qualifiés. On peut néanmoins se demander si cette action est poursuivie à une échelle suffisante, puisque 80.000 personnes continuent certainement à quitter l'agriculture chaque année...

2.3. *Devenir compétitif... par un remodelage direct des entreprises*

Le deuxième volet de la politique des structures, après l'action sur les hommes, porte sur l'aménagement des entreprises.

Deux sortes d'action ont été entreprises: le remodelage foncier des entreprises et les facilités de crédit pour l'achat des terres par les agriculteurs.

2.3.1. *Le remodelage foncier des entreprises*

Les sociétés d'aménagement foncier et d'établissement rural (SAFER) ont été créées par la loi d'orientation de 1960. Leur rôle est "d'acquérir des terres et des exploitations librement mises en vente par leurs propriétaires ainsi que des terres incultes destinées à être rétrocédées après aménagement éventuel". Ces sociétés sont financées par l'Etat, qui leur accorde des subventions pour aménager les exploitations achetées et des prêts pour acquérir le foncier. Elles disposent d'un droit de préemption sur les transactions. Sur 27 SAFER, 12 sont intervenues de façon sensible dans leur zone.

4 d'entre elles (Languedoc-Roussillon, Poitou-Charente, Dordogne-Gironde, Bretagne) réalisent l'essentiel des opérations des SAFER.

En 1964, 61.000 ha ont été acquis (pour 193 millions de F). En fin 1966, le total des acquisitions atteint 170.000 ha. Les opérations s'accélèrent donc. Quant aux rétrocessions à des agriculteurs, elles augmentent encore plus vite: 21.000 ha rétrocédés en 1964 (pour une valeur de 79 millions de F), 80.000 ha en fin 1966.[16]

Un certain nombre d'opérations servent à renforcer des exploitations existantes. On estime que la puissance d'intervention annuelle pourrait concerner un ensemble de 200 à 250.000 ha. L'etoffement des entreprises est donc loin d'être négligeable. Les premiers projets qui ont conduit à la création des SAFER étaient plus ambitieux sur le plan foncier. Certains avaient pensé que ce serait un moyen détourné de nationaliser le sol. Pour éviter toute ambiguïté, la loi fait obligation à ces sociétés de revendre, dans un délai de 5 ans, les surfaces acquises. Elles ne louent pas les terres ainsi aménagées. Pour les cultiver, il faut que les candidats les achètent ou trouvent un propriétaire pour les louer.

Enfin, les moyens mis à leur disposition sont assez restreints, puisque les SAFER n'ont reçu que 270 millions de francs, sous forme de prêts du Fonds de développement économique et social, pour effectuer leurs opérations foncières.

Cette oeuvre de restructuration ne met donc pas en cause le droit de propriété, qui reste le fondement du droit à cultiver le sol. Pour cela, il faut disposer d'argent. C'est une des raisons de l'extension des prêts fonciers à long terme, accordés par les caisses de Crédit Agricole.

2.3.2. *Le financement des achats de terre*

C'est de loin l'intervention la plus efficace dans les conditions actuelles d'appropriation du sol. C'est aussi celle qui se trouve réalisée sur la plus grande échelle. L'Etat avait souhaité n'accorder

[16] J. Madec, "Réflexions sur l'expérience des SAFER", *Economie Rurale* 65 (3ème trim. 1965).

de prêts fonciers qu'aux candidats agriculteurs les plus dignes d'intérêt du point de vue économique pour la collectivité. La plupart des agriculteurs pour acheter des terres empruntent auprès des Caisses de Crédit Agricole, à cause des facilités qui leur sont accordées. Les prêts fonciers sont assortis d'un taux d'intérêt de 3% et d'une durée variant entre 15 et 30 ans. Compte tenu de la dévaluation monétaire, ces modalités constituent un véritable encouragement à l'achat des terres. De 1954 à 1965, les prêts fonciers ont été multipliés par 4,5.

CONCLUSION

Ce rapide tour d'horizon ne permet guère de mesurer avec précision les effets des mesures de politique agricole sur le remodelage des entreprises agricoles. Deux raisons empêchent d'établir un tel bilan.

Tout d'abord, les facteurs qui modifient l'évolution des structures des exploitations sont nombreux et leurs effets enchevêtrés.

En second lieu, il est difficile, dans l'appréciation des conséquences, de faire la part de ce qui résulte des décisions gouvernementales et de ce qui est causé par la croissance économique.

Schématiquement, on pourrait distinguer quatre types de régions, dans lesquels les effets des mesures de politique agricole se font sentir différemment.

Voici tout d'abord les régions de grande culture, correspondant approximativement à la vieille civilisation nordique des champs ouverts. L'industrialisation y est ancienne, de riches familles de fermiers ont constitué depuis plusieurs générations une solide agriculture, fondée sur un capitalisme de type familial. Ces zones, bien structurées, sont faiblement intéressées par la politique actuelle des structures, sauf en ce qui concerne les mesures relatives au crédit pour l'achat des terres. La seule question qui s'y pose est en effet d'assurer la permanence, voire l'agrandissement du domaine exploité.

La plaine méditerranéenne des Pyrénées orientales jusqu'aux Alpes Maritimes, constitue une zone dont le décollage économique est tout récent. La croissance de son produit régional a été du même ordre entre 1956 et 1962 que la croissance du produit national, alors que c'était loin d'être le cas avant 1955. Les effets de ce développement sur le secteur agricole sont en train de se faire sentir. A coté d'une agriculture pauvre, constituée souvent de retraités, deux types d'agriculture apparaissent: une agriculture moderne, construite sur des dimensions supérieures à la moyenne, confrontée au difficile problème du salariat. Ce sont souvent des capitaux extérieurs au secteur agricole qui ont servi à la constituer. Les migrants du nord de la France et les rapatriés d'Afrique du Nord constituent souvent l'ossature de ses chefs d'entreprise. Elle entraîne une agriculture familiale, qui tente de suivre le mouvement de modernisation. Ce type d'agriculture est particulièrement sensible à tout ce qui se décide en matière de structures: action de la SAFER, politique de Crédit Agricole. Malheureusement la spéculation foncière est vive dans cette phase de développement régional et les plafonds fixés par l'Etat en matière de prêts limitent l'agrandissement des entreprises modernes.

A coté d'elle, une agriculture à temps partiel se renforce. Ses effectifs sont nombreux et c'est une grande surprise pour les observateurs actuels.[17] Ce type d'exploitation adopte les progrès chaque fois que ceux-ci ne remettent pas en cause les structures d'exploitation. On peut penser que cette forme d'agriculture est assez imperméable à l'action gouvernementale en matière de structure. Dans les zones industrielles récentes ou anciennes (Lyon, Clermon-Ferrand, Rennes, Lille, La Lorraine) il semble que cette agriculture à temps partiel résiste fort bien au laminage des villes et qu'on la retrouvera vivante après 1985. Ne constitue-t-elle pas une forme répandue dans l'agriculture de la vallée de la Ruhr?

Deux zones en retard présentent une situation assez différente: le Centre et le Sud-Ouest d'abord, où l'absence de développement industriel, l'ancienneté des migrations hors de l'agriculture conduisent aujourd'hui à une certaine léthargie. La politique des structures serait là susceptible d'accélérer l'évolution et le remodelage des entreprises agricoles. Quant à la Bretagne et à l'Ouest en

[17] Ph. Lacombe, "Hétérogénéïté des structures agricoles et croissance économique d'une région", *INRA* (Montpellier, Mars 1967).

général, la pression démographique reste vive. Ici, la politique des structures a surtout un effet social. En simplifiant, on peut avancer que l'indemnité viagère de départ augmente la retraite des vieux agriculteurs sans guère accélérer la concentration des terres. La SAFER de Bretagne, malgré son importance, agit surtout comme un agent immobilier. Cette région est encore loin d'avoir trouvé son équilibre.

D'une façon plus générale, il semble qu'il y ait une forte opposition entre l'effet social et l'efficacité économique d'une politique agricole des structures. Ceci tient à l'hétérogénéïté des structures et des régions agricoles. Pour obtenir plus rapidement des résultats, il faudrait prendre des mesures beaucoup plus spécifiques que les mesures actuelles: par exemple, la limitation du bénéfice de l'IVD aux seuls agriculteurs libérant des surfaces importantes aurait pu constituer une mesure efficace. Malheureusement elle est injuste dans l'immédiat. La pression politique certes, mais aussi l'importance et l'ancienneté du problème à résoudre, ont empêché que la politique des structures soit uniquement économique. Aussi malgré la limitation des moyens, elle ne pouvait qu'être sociale au départ. Il faudrait probablement beaucoup plus d'argent pour la rendre aussi économique.

ANNEXE 1

PYRAMIDE D'AGE DE LA POPULATION TOTALE ET AGRICOLE

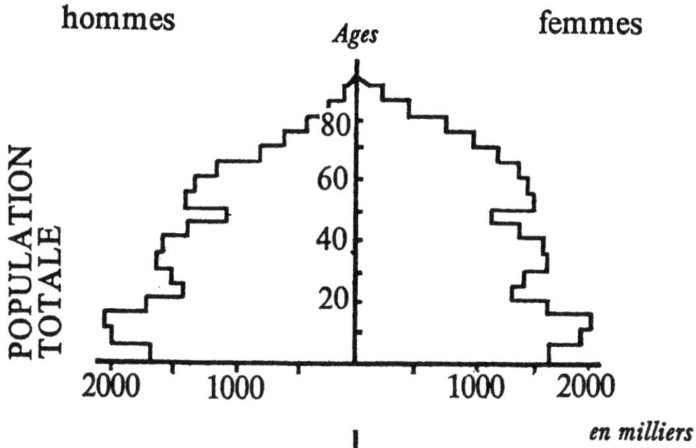

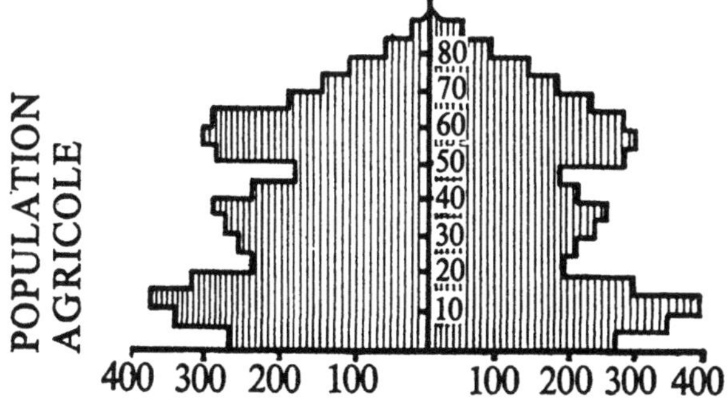

ANNEXE 2

TABLEAU DES INTERVENTIONS DE L'ETAT POUR L'AMELIORATION DES STRUCTURES DE PRODUCTION AGRICOLE

1. *Frein à l'accaparement*
   Autorisation Cumuls (Code rural — art. 188-1 et suivants)
2. *Aide (ou incitation) Au départ des agriculteurs en surnombre*
   Rajeunissement (I.V.D. Art. 27 loi du 8.8.1962 et décret du 6.5.1963)
   Suppression des exploitations non viables
   — I.V.D.
   — Mutations professionnelles (Art. 27 de la loi du 8.8.1962 et décret du 15.7.1965 n° 65-582)
3. *Rédistribution géographique*
   Migrations rurales
   Mutations d'exploitations (Art. 27 de la loi du 8.8.1962 et décret 15.7.1965 et n° 65-581)
4. *Agrandissement*
   Prêts fonciers individuels (Décret du 15.7.1965 n° 65-576 et 577)
   S.A.F.E.R. (Loi du 2 août 1960)
5. *Intensification et modernisation*
   Conversion d'exploitations (Art. 27 loi du 8.8.62 Décret 15.7. 1965)
   Amélioration de l'habitat rural (1942)
6. *Investissements intellectuels*
   Enseignement agricole
   Formation professionnelle des adultes
   Promotion sociale des professionnels de l'agriculture.

ANNEXE 3

REPARTITIONS COMPAREES DES EXPLOITATIONS SELON LA TAILLE, EN 1955 ET EN 1963

(ensemble des exploitations = 100)

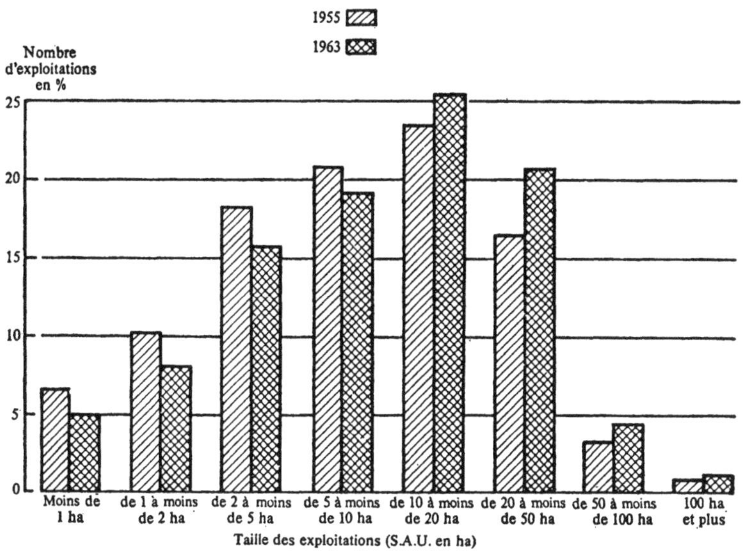

5

B. KAYSER

LES PROBLEMES DE LA RESTRUCTURATION DE L'EXPLOITATION AGRICOLE DANS LA REGION MIDI-PYRENEES

1. DYNAMIQUE DE L'AGRICULTURE DANS LA REGION MIDI-PYRENEES

La région Midi-Pyrénées, à laquelle s'appliquent ces réflexions sur le rôle de l'exode rural dans l'évolution actuelle des structures agraires, comprend huit départements: les Hautes-Pyrénées, l'Ariège, la Haute-Garonne, le Gers, le Tarn-et-Garonne, le Tarn, l'Aveyron et le Lot. Tous les huit sont réputés rétardés et, malgré leur hétérogénéïté, ne divergent pas beaucoup d'une situation moyenne régionale en effet assez inquiétante. Sur 9% de la surface agricole de la France et avec 8,5% de sa population active agricole, la région Midi-Pyrénées ne forme qu'environ 6% du revenu national de l'agriculture.

Pourtant, dans les quinze dernières années, vraiment essentielles pour la région, la production a fait un bond spectaculaire. Avec le doublement du tonnage récolté et le quadruplement de la collecte, le marché régional des céréales est devenu excédentaire. La quantité des produits de l'élevage mise à la disposition des consommateurs s'est accrue de 80% au moins. La production des fruits est montée en flèche, quintuplant dans la période considérée et s'apprêtant, en fonction des plantations nouvelles, à décupler d'ici la fin de la décennie.

Ces progrès remarquables sont dûs de toute évidence à la mise à contribution, dès la fin de la guerre, des ressources de la technique moderne. La sélection des semences végétables et des races animales a donné, le plus facilement, les meilleurs résultats. Mais la mécanisation et la fertilisation n'ont sans doute pas été généralisées avec un égal bonheur. Entre l'achat de matériel agricole et l'achat d'engrais, le cultivateur a trop souvent choisi la décision la moins économique, investissant en s'équipant un capital d'une rentabilité douteuse, et se fermant par là-même la voie des dépenses immédiatement productives. Mesurée en tonnes d'éléments fertilisants par millier d'hectares, la consommation d'engrais a cependant triplé dans la région Midi-Pyrénées, depuis 1953; dans le même temps, elle ne faisait que double dans l'ensemble du pays. Mais elle est encore aujourd'hui dans la région inférieure de moitié à la moyenne nationale. Par contre, Midi-Pyrénées s'est placée, pour l'achat de matériel agricole neuf, au troisième rang des régions françaises. Elle a, en 1963, 309 tracteurs pour 10.000 hectares de S.A.U. alors que la moyenne française n'atteint que 252, et elle possède 11,5% du parc national pour 4,5% des productions végétales du pays. On a donc pu parler d'un suréquipement de l'agriculture régionale, et il est de fait que le matériel y est en général gravement sous-utilisé.

Les rendements ont finalement progressé dans la région Midi-Pyrénées plus vite que dans l'ensemble de la France mais étant partis de bien plus bas, ils restent à un niveau médiocre. Le rendement du blé, parti de 10 Qx/ha vers 1950, se trouve maintenant aux alentours de 20 Qx, soit les deux-tiers de la moyenne nationale. Le rendement du maïs, parti de 11 Qx, dépasse régulièrement, grâce à l'introduction des variétés hybrides, les 25 Qx, ces dernières années, mais c'est moins de la moitié des résultats obtenus dans les départements de pointe du Bassin Parisien. Le rendement des vaches laitières est passé de 11 à 16 hectolitres par vache et par an (moyenne nationale: 25 hectolitres).

On ne s'étonne pas, en conséquence, de constater, d'après les calculs estimatifs qui ont été effectués, que le revenu brut régional par hectare de surface agricole utile (S.A.U.) est inférieur d'environ un quart à celui de la moyenne nationale (environ 1.000 francs). Cette infériorité est manifeste dans chacun des huit départements sauf peut-être le Tarn-et-Garonne où les cultures maraichères et fruitières tiennent une place assez considérable. Quant au revenu brut par travailleur, compte tenu du fait que celui-ci dans la région dispose d'une surface nettement inférieure à la moyenne, il ne représente que les 35% de la moyenne française (15.000 F.). Dans quatre départements sur huit ce revenu est inférieur à 10.000 F.

Ainsi l'image se dessine-t-elle à travers les statistiques, assez conforme à celle que se fait l'observateur un peu averti parcourant les campagnes aquitaines et gasconnes, d'une région dynamique, cherchant sa voie dans la compétition économique tout en se souciant encore de préserver une autarcie alimentaire astreignante, mais asphygiée dans son effort même par le poids oppressif de structures archaïques qui se désagrègent lentement sans éclater: une région qui, après avoir fait ses révolutions techniques, a encore sa révolution sociale à faire, la plus délicate, la plus difficile à mettre sous contrôle.

Moins accentuées aujourd'hui qu'elles ne l'étaient il y a quelques années et surtout quelques décennies, les disparités qui pèsent sur l'agriculture du Midi-Pyrénées sont aujourd'hui de plus en plus durement ressenties par les professionnels. Mais pourquoi les milieux agricoles les plus évolués et les plus conscients ne se refusent-ils que maintenant à envisager de continuer à les supporter plus longtemps? D'abord, du fait même des progrès de l'intégration de l'espace économique et de l'universalisation des moyens de communication de masse: la diffusion immédiate des informations met concrètement le cultivateur en mesure de comparer son sort à celui des autres membres de la communauté nationale. Ensuite et surtout, du fait des larges possibilités d'absorption que lui offrent les autres secteurs d'une économie en phase d'expansion: l'agriculteur qui ne veut pas ou plus supporter les disparités *peut* quitter la terre et trouver un emploi. Ainsi le problème qui se pose n'est-il pas tant un problème social au niveau individuel — sauf pour certaines couches particulières, qu'un problème d'organisation relevant de la collectivité. Les disparités chassant les exploitants traditionnels, vaut-il mieux laisser la campagne se vider en vue d'une reconquête rationnelle par des "colonisateurs" éventuels, ou bien faut-il trouver les voies de leur comblement afin de conserver à ce pays le bénéfice de l'expérience et de l'adaptation de ses habitants?

En attendant que ce problème soit résolu, s'il doit jamais l'être volontairement, ce sont les processus libéraux qui régissent l'évolution. Parmi eux, le plus décisif, le plus lourd de conséquences et réactions en chaîne, c'est évidemment l'émigration, plus spécialement l'exode des agriculteurs.

2. L'EXODE AGRICOLE

De 1954 à 1962, la population rurale de la région a perdu les 5,5 % de ses effectifs, la population totale vivant de l'agriculture les 12% et la population active agricole les 20,1 %. Ainsi constate-t-on:

1° — que l'exode rural est beaucoup plus limité que l'exode agricole, du fait de la stabilisation ou même de l'accroissement de la population des unités les plus importantes au-dessous de 2.000 habitants — centres ruraux ou véritables bourgs.

2° — que l'exode agricole, mesuré par la diminution de la population des ménages vivant de l'agriculture, s'est produit à un rythme nettement plus rapide;

3° — que les mutations professionnelles ont enlevé à l'agriculture une tranche très appréciable de sa population active, un cinquième.

Pour élevés et démonstratifs que soient ces taux, ils ne sont cependant pas supérieurs aux taux nationaux. Dans l'ensemble du pays, comme dans la région Midi-Pyrénées, la population active agricole du sexe masculin (dont la mesure est plus exacte que celle de la population active agricole totale) a diminué de 21,8 % entre 1954 et 1962. Mais les différenciations géographiques et structurelles qui peuvent être décelées par un examen plus précis des données statistiques montrent dans la région une situation qui ne laisse pas d'être inquiétante.

Dans certaines zones, en particulier dans la montagne et ses bordures, les taux d'exode commencent à connaître un ralentissement du fait même que toute la population susceptible d'une certaine mobilité est déjà partie. Dans d'autres zones, en particulier à proximité non-immédiate des agglomérations les plus actives, ou, au contraire, dans les secteurs reculés de la campagne liés par des filières traditionnelles aux centres d'appel de main-d'oeuvre, l'exode s'accélère. Il en résulte un déséquilibre géographique marqué, qui explique la diversité des réactions sociales et rend d'application très délicate les mesures administratives globales.

Le déséquilibre est cependant bien plus préoccupant encore sur le plan des structures d'âge et du sex-ratio. On ne sera pas étonné d'apprendre que l'exode est le fait des jeunes classes, et touche souvent encore plus le sexe féminin que le sexe masculin. Les analyses chiffrées, portant sur la dernière période intercensale, montrent à quel point est poussé ce processus.

L'étude du mouvement des générations dans la population active agricole masculine, pour la région Midi-Pyrénées, donne un taux de départ (après déduction de la mortalité) de 36% chez les jeunes gens qui avaient en 1954 de 17 à 21 ans, de 26% chez ceux qui avaient de 22 à 26 ans, de 17% chez ceux qui avaient de 27 à 31 ans.

Une étude plus détaillée, effectuée au niveau de quelques cantons choisis comme représentatifs de la région, montre l'extrême importance de la *sélectivité de l'émigration selon les groupes d'âges.*

En rapportant le nombre des émigrés de la période 1954–1964 selon leur âge à la population de 1954, c'est-à-dire en comparant les émigrés aux groupes dont ils sont issus, on obtient des taux de départ par âges particulièrement révélateurs.

Cantons				Hommes			
âges en 1964	1	2	3	4	5	6	7
15-19 ans	22,9	14,7	5,5	9,9	12,0	13,5	3,0
20-24	51,9	29,6	24,8	19,2	39,4	20,7	13,0
25-29	54,1	28,1	26,7	16,4	43,3	19,7	21,0
30-34	50,5	37,5	21,1	22,5	24,7	18,5	24,2
35-39	27,5	4,3	15,1	7,3	19,3	12,9	19,2
				Femmes			
15-19 ans	29,2	25,0	8,0	10,0	16,6	9,2	8,3
20-24	53,6	58,1	36,6	24,0	43,3	17,6	32,0
25-29	59,1	42,0	28,1	18,2	49,3	17,6	28,3
30-34	46,1	28,6	21,9	18,0	23,3	14,7	19,4
35-39	28,3	12,7	7,3	18,4	16,4	9,8	6,8

Cantons n. 1. Najac; 2. Latronquiere; 3. Masseube; 4. Lectoure; 5. Souillac; 6. Vielmur; 7. Conques.

Les groupes de jeunes adultes qui avaient de 10 à 24 ans en 1954 sont évidemment le plus touchés. Mais on remarque un décalage entre les sexes: les jeunes filles partent plus tôt semble-t-il et sont donc plus nombreuses proportionnellement parmi les groupes les plus jeunes.

L'amputation d'un groupe d'âges de la moitié de ses effectifs est observée plusieurs fois; l'amputation de plus du cinquième est quasi-générale. Or, il s'agit d'un processus qui n'est analysé que sur dix ans!

Cet exode sélectif a, de toute évidence, des conséquences beaucoup plus graves que ne le laisse prévoir la seule connaissance des taux globaux de départ. La supériorité numérique de l'émigration féminine, chez les jeunes, rend souvent dramatique le problème du mariage et nombreux, déjà, sont les chefs d'exploitation célibataires: le "vieux garçon" est devenu dans nos campagnes une catégorie sociologique courante. Une enquête directe organisée par l'Evêché de Rodez a recensé, en 1960, dans l'Aveyron rural, 77 filles seulement sur 100 garçons dans la classe de l'âge de 20-25 ans: en 1963, une enquête du même type effectuée par la Chambre d'Agriculture de l'Aveyron dans le Ségala ne comptait dans la même classe que 48 filles pour 100 garçons.

Cette masculinisation du monde agricole va, du fait de l'exode, de pair avec un vieillissement accentué. Les structures d'âges de la population active agricole masculine se sont radicalement transformées depuis la fin de la guerre, comme en témoigne le tableau suivant:

Région Midi-Pyrénées.
Structure par âge de la population active agricole masculine

Groupe d'âges	1946	1954	1962
15-19	13,1	8,7	6,2
20-24	12,0	9,6	4,4
25-29	6,6	11,4	8,4
30-34	9,5	11,4	10,4
35-44	23,6	16,3	22,6
45-54	18,6	25,3	21,6
55-64	16,6	17,3	36,4

Le renversement de la pyramide des âges a, sur tous les plans, des conséquences d'une importance capitale. Qu'il s'agisse de la productivité de la force de travail disponible, des capacités d'initiative des chefs d'exploitation, des aspects sociaux et psychologiques de l'entr'aide, la situation et les perspectives changent complètement dans le contexte sinon nouveau du moins renforcé d'une population agricole vieillie.

Aussi doit-on se garder de tirer des conclusions optimistes de la coincidence établie, au niveau des prévisions, entre la population attendue pour 1970, et la force de travail techniquement nécessaire dans l'agriculture régionale. Une remarquable coïncidence peut faire illusion: la prolongation des tendances démographiques de la dernière période intercensale donne, en effet, pour '70, une population active masculine agricole d'environ 145 mille individus, tandis que, d'après les calculs du C.R.E.S.A., dirigé par M. Coutin, la force de travail masculine "techniquement nécessaire" dans l'agriculture régionale serait de 153.000 unités.

Certains esprits simplistes se félicitent de cette convergence et concluent que l'évolution libérale suffira, en quelques années, à supprimer les problèmes de surpopulation et même à régler ceux des disparités dans la productivité par travailleur. Rien n'est plus faux, de toute évidence, du fait même de la sélectivité de l'exode. Ces perspectives, corrigées par la connaissance de l'évolution qualitative de la population agricole, ne peuvent, en réalité, qu'attirer l'attention sur la situation déficitaire dans laquelle va se trouver la région, à moyen terme, du point de vue de la main-d'oeuvre et dans le cadre de l'agriculture traditionnelle.

Mais l'évolution constatée n'aboutira-t-elle pas elle-même à faire en définitive sortir du cadre traditionnel l'agriculture régionale, au sein de laquelle des transformations structurelles décisives pourraient être la conséquence la plus importante du dynamisme démographique différentiel?

3. L'EVOLUTION DES STRUCTURES

Le nombre des exploitations diminue à coup sûr assez rapidement dans le Midi-Pyrénées, même si ce n'est pas aussi vite que l'annoncent les services officiels basant leurs estimations sur deux sources disparates. Pour eux, le nombre des exploitations a diminué, entre 1955 (recensement agricole) et 1963 (analyse de l'échantillon dit B.S.) d'environ un quart, passant de 199.000 à 155.000. Leur taille moyenne reste, en tout cas, relativement faible, moins de 18 ha de S.A.U. pour l'ensemble de la région, une douzaine d'hectares tout au plus dans le département le plus défavorisé, les Hautes-Pyrénées, 22 ha dans le Gers et 25 ha dans l'Aveyron à l'autre bout de l'échelle.

D'un autre côté, la proportion des exploitants âgés est particulièrement forte: 25% des exploitants avaient plus de 65 ans en 1955 et cultivaient à cette époque les 19% de la surface agricole de la région, ces taux étaient alors pour la France de 19% et 12,5%); d'après le recensement de 1962, les chefs d'exploitation masculins de plus de 65 ans représentent encore le 22,5% du total et ceux de plus de 55 ans les 54,4%. C'est dans le Midi-Pyrénées que l'âge moyen de la retraite des agriculteurs est le plus élevée (78 ans) et, consécutivement, l'âge moyen d'accession à la direction d'exploitation (38 ans); ces âges sont respectivement dans le Bassin Parisien, de 68 et de 27 ans.

Aussi le problème de l'encouragement à la retraite se pose-t-il ici d'une façon urgente, et les revendications des jeunes agriculteurs s'orientent-elles vers l'application maximale des dispositions législatives offrant aux exploitants de 65 ans et plus une "Indemnité viagère de Départ" contre l'abandon de leur exploitation et favorisant les restructurations par l'intermédiaire des Sociétés d'Aménagement Foncier et d'Etablissement Rural (SAFER). On a calculé qu'en théorie la mise à la retraite des 25.000 exploitants âgés pourrait permettre aux 25.000 exploitants de 25 à 44 ans d'accroître la superficie qu'ils mettent en valeur de 75% — calcul ne tenant pas compte de la réalité concrète des structures d'exploitation, certes, mais qui n'indique pas moins la voie d'une transformation potentielle d'importance. Quoiqu'il en soit, un certain nombre d'études ont montré déjà qu'à terme un très grand nombre d'exploitations étaient destinées, faute de successeurs sur place, à "fermer" et, en conséquence, soit à être partagées ou affermées par les propriétaires voisins, soit à être reprises par des "étrangers".

L'étude déjà citée des conséquences de l'exode rural dans une sélection de cantons de la région montre clairement quel est le sens de l'évolution. Entre 1954 et 1964, la proportion des exploitations fermées ou absorbées par rapport au nombre des exploitations de 1954 s'est élevée à:

Cantons de:	Najac	12,6%
	Latronquière . .	16,0%
	Masseube	13,8%
	Lectoure	6,1%
	Souillac	20,4%
	Vielmur	17,7%

Mais à ces taux relativement élevés ne correspond pas une "libération des terres" du même ordre. En effet, la plupart des exploitations abandonnées sont d'une dimension très inférieure à la moyenne.

A Najac, 25% des exploitations de moins de 5 ha, ont été abandonnées; 11% de celles de 5 à 10 ha et 7% de celles de 10 à 20 ha. A Latronquière, les $\frac{2}{3}$ des exploitations qui ont disparu avaient moins de 10 ha. A Masseube, le nombre des exploitations de moins de 5 ha a diminué de moitié; celui des exploitations de 10 à 20 ha de 14%. Mes taux de diminution dans les deux premières catégories respectivement sont de 49% et de 18% à Souillac, et de 66% et de 24% à Vielmur.

Dans ces conditions on ne s'étonne pas de voir la surface moyenne des exploitations ne progresser que lentement en dix ans. Les observations, ici, sont conformes à celles qui ont pu être faites par ailleurs. On citera comme exemple, les cantons de Masseube où l'exploitation moyenne passe de 20 à 24 ha; de Lactoure, où elle passe de 24 à 28 ha et de Vielmur où elle passe de 16,5 à 18 ha. Encore faut-il ajouter, d'ailleurs, que la plupart des opérations de "concentration" s'effectuent par petites parcelles et ne constituent pas de réels regroupements.

Ceci dit, on peut se demander quels sont justement les facteurs de cette "concentration". L'analyse de la provenance des terres passées, d'une façon ou d'une autre, par le marché foncier et qui ont donc contribué à la petite concentration observée, permet de constater que l'exode des chefs d'exploitation n'a joué, en définitive, qu'un rôle secondaire dans ces processus.

Dans le canton de Latronquière, la disparition de 120 exploitations a été causée: d'abord, par le décès (dans 41% des cas) ensuite par la prise de la retraite (39%) et enfin seulement par l'émigration de l'exploitant (20%). La même recherche dans le canton de Lectoure a donné des résultats comparables: 47% pour les décès; 26% pour les retraites; 27% pour l'ensemble.

Il est bien évident que l'exode joue son rôle aussi dans les transformations dues aux retraites ou décès: si les exploitations se retrouvent sur le marché, c'est que l'exode a privé les exploitants de successeurs. Mais cet effet est indirect: son processus est beaucoup plus long.

Ajoutons à cela que l'évolution de la superficie des exploitations n'est pas la seule expression des transformations que subissent les structures de la société agricole. Elle représente la mutation fondamentale quoique lente, dans les secteurs de petite propriété paysanne. Par contre, dans les secteurs de propriété bourgeoise et de faire-valoir indirect, l'exode exerce sans doute une influence plus importante sur la restructuration des modes d'exploitation que sur leur distribution spatiale.

A la fois provoqué ou permis par l'exode et le provoquant, un mouvement notable de suppression du faire-valoir indirect peut en effet être observé. Il est contrebalancé, il est vrai, au niveau des valeurs globales, par la tendance des propriétaires — exploitants à prendre en fermage les terres vacantes. Dans le canton de Masseube, par exemple, 35 métairies sur 75 ont, en dix ans, été reprises en faire-valoir direct, et la propriété foncière non agricole a plus bénéficié, en définitive, de ce mouvement que la propriété paysanne.

Le problème des successions peut à juste titre être considéré comme fondamental si l'on se réfère aux processus et aux perspectives de la restructuration. Une analyse détaillée effectuée par le Centre de Recherches et d'Etudes Agricoles sur la bordure Sud-Occidentale de Massif Central est révélatrice à cet effet: ella a tiré d'un échantillon de plus de 3.000 ménages agricoles dont le familles peuvent être considérées comme complètes (2,5 enfants par ménage en moyenne) — que la succession n'était pas assurée dans les deux-tiers des cas: 8,5% de chefs d'exploitation célibataires, 50,6% sans auxiliaire ni fils de moins de 15 ans, 6,8% avec le fils auxiliaire principal de 15 à 34 ans mais supposé devoir émigrer.

Ces exploitations sans successeur certes, sont le plus souvent les plus petites et les moins rentables et elles sont dispersées. Il est douteux que leur éventuelle apparition sur le marché foncier soit à même de satisfaire les besoins d'une agriculture modernisée. Le C.R.E.A. à propos du Sud-Ouest du Massif Central, en a apporté la preuve mathématique dans deux hypothèses différentes. La première prend en compte comme demandeurs éventuels de terre les agriculteurs censés être en âge de désirer accroître la taille de leur exploitation: ils ont moins de 45 ans et possèdent moins de 19 ha, cette surface étant la moyenne de celles des exploitations qui, à l'heure actuelle, ont un chef de moins de 45 ans et qu'on considère donc comme "fixant un jeune". (Notons que cette surface de 19 ha, peu élevée, ne doit pas être considérée comme un modèle dimensionnel mais comme un minimum objectif.) L'offre de terres dépend, elle, de la seule mortalité. La comparaison de l'offre à la demande montre, d'après les calculs, que les besoins fonciers ne seraient couverts dans cette hypothèse qu'à 26% en 1967, 52% en 1972 et 81% en 1977.

La seconde hypothèse du C.R.E.A. est moins simpliste mais ne donne pas des résultats beaucoup plus encourageants. Elle accroît l'offre en prévoyant la mise à la retraite automatique, en fonction des dispositions et des crédits du F.S.A.S.A., de tous les exploitants de 65 ans et plus, en prévoyant aussi une radicalisation de l'émigration telle que les exploitations les plus petites (inférieures à la surface de référence de la législation des cumuls) soient libérées. Par contre, elle accroît la demande, naturellement, en prenant comme moyenne des besoins la surface assurant le plein emploi des deux U.T.H.: 25 à 50 ha selon les régions agricoles. Dans ces conditions non plus, la demande n'est pas couverte par l'offre: les taux potentiels de couverte s'établiraient, selon cette seconde hypothèse, à 38% en 1967, 59% en 1972, 71% en 1977.

En suivant une méthode différente, l'Association Midi-Pyrénées d'Economie Rurale (avec la collaboration de l'Institut National de la Recherche Agronomique) est parvenue, dans seize cantons typiques de la région, à des résultats prospectifs convergents. La libération des terres que produiront la disparition des exploitants et l'absence de successeurs pendant les dix prochaines années (1965-75) s'effectuera au rythme annuel de 1,2%, à 2,6% selon les cantons, de la S.A.U. cantonale. Au total, le nombre des exploitations de l'échantillon passera en dix ans de 9.300 à 6.800 environ, soit une chute de 27%. Mais la taille moyenne (SAU) des exploitations dans les quinze cantons les plus représentatifs ne passera que de 22,3 ha à 30,2 ha. Le progrès est certes considérable (35,4%) mais porte-t-il l'exploitation à un niveau de surface compatible avec les exigences actuelles de la technique et de l'économie? On voit bien que non.

D'ailleurs, à ces calculs théoriques, extrêmement intéressants, doit s'ajouter évidemment, pour l'estimation des perspectives de transformations structurelles des exploitations, la connaissance concrète de l'état du marché foncier. Celui-ci, en dépit de l'action des S.A.F.E.R., qui reste encore marginale, est extrêmement disparate. On peut y distinguer cependant quelques tendances.

Dans certaines régions, comme l'Aveyron, où l'appétit de terres est traditionnellement extrêmement vif, il semble qu'on commence à enregistrer, depuis peu de temps, une certaine détente. Le spectacle du vendeur, émigré ou autre, tenant permanence le dimanche matin au café de son village et des acheteurs faisant la queue pour le solliciter, appartient au passé. Mais pourquoi, alors que les besoins restent potentiellement si élevés? On distingue à cette relative désaffection plusieurs causes.

L'étroitesse des disponibilités financières en est une. La conscience d'une incapacité à atteindre l'optimum technique de superficie, en général reconnue, en est une autre: dans le champ de l'étude déjà citée du C.R.E.A., 61% des exploitants interrogés ont déclaré posséder suffisamment de terres (44% dans la catégorie 10-15 ha, 54% dans la catégorie 15-20 ha, 81% dans la catégorie 20-25 ha) compte-tenu des difficultés à se procurer de la main-d'oeuvre. Enfin, le caractère sacré de la propriété paraît diminuer d'intensité: chez les jeunes, la recherche de la location des terres et le refus de l'investissement foncier sont assez caractéristiques, et montrent d'ailleurs un progrès remarquable de la mentalité économique.

Dans d'autres régions, comme le Lauragais, les collines de Gascogne ou les grandes vallées, le marché foncier s'est au contraire tendu d'une façon très nette, en fonction surtout de la demande des rapatriés d'Afrique du Nord. Le prix des terres est monté en flèche et des courtiers se font une spécialité de "rafler" tout ce qui se présente, en vue de la satisfaction de cette demande. Aussi la restructuration des explications ne s'effectue-t-elle ici de façon spontanée qu'exceptionnellement au sein de la société traditionnelle. C'est à l'extérieur de celle-ci, et par le fait soit des "colons" rapatriés soit de la nouvelle aristocratie foncière constituée par les commerçants, maquignons et entrepreneurs de travaux liés de très près à l'agriculture, que se transforment peu à peu les données fondamentales de la structure agraire.

Dans un cas comme dans l'autre et dans de multiples autres types de situations micro-régionales, la paysannerie locale se trouve donc confrontée à des problèmes structurels d'une gravité et d'une urgence sans précédent. Le vieillissement des chefs d'exploitation, la décongestion démographique créée par l'ampleur des flux migratoires, l'intervention des Pouvoirs Publics agissant en faveur de la mise à la retraite des exploitants âgés et de la régulation du marché foncier, créent incontestablement une situation favorable à la fraction la plus dynamique de la société rurale traditionnelle. Les jeunes chefs et futurs chefs d'exploitation peuvent entrevoir, à portée de leurs moyens, le moment où, ayant agrandi leur entreprise et modernisé leurs conditions de travail, ils seront en mesure de remonter le courant des disparités.

Mais à ce moment, où les calculs statistiques et les calculs prévisionnels permettent-ils de la placer?

Pour la majorité des cas, à moyen terme: l'inertie relative des processus en cours ne permet pas de penser que les conditions de la restructuration seront réalisées avant cinq à dix ans. Les jeunes agriculteurs de pointe, qui portent l'espoir de la région, pourront-ils, sauront-ils attendre ce délai, tandis que les conditions techniques et économiques de l'agriculture française et européenne continueront à évoluer et sans doute à rendre le rattrapage de plus en plus difficile? Une telle interrogation est lourde d'angoisse.

L'accélération récente du rythme de l'exode rural paraît indiquer que de plus en plus nombreux sont ceux qui, refusant l'infériorité réelle de leur condition, trouvent dans la mutation professionnelle la solution de leurs problèmes individuels. Dans quelques années, à ce rythme, les plus vaillants, les plus convaincus, tout comme les plus inertes, parmi les jeunes, seront trop isolés et trop peu nombreux pour réaliser, chez eux, leurs propres aspirations.

La société rurale traditionnelle, alors, avant d'avoir pu faire sa reconversion, serait détruite. La restructuration de l'agriculture régionale se ferait, mais en dehors et au détriment d'une paysannerie pourtant capable et intelligente, éliminée par le jeu inexorable de la concurrence.

C'est dire qu'il est particulièrement scandaleux de compter dans ce domaine sur une solution issue des processus libéraux de l'évolution économique et sociale!

ETUDES CITEES

Evêché de Rodez, *Aveyron d'aujourd'hui* (Rodez, 1964).

Centre de Recherches et d'Etudes Agricoles, *Départs et Installations d'agriculteurs dans le Sud-Ouest du Massif Central* (Paris, 1964).

Association Midi-Pyrénées d'Economie Rurale, "Tendances de l'évolution de la population et des structures agricoles dans 16 cantons de la région Midi-Pyrénées" (Toulouse, Juillet 1966).

Association Nationale pour les Mutations professionnelles en Agriculture, "L'Exode rural et ses conséquences dans la région Midi-Pyrénées" (Toulouse, Septembre 1966).

6

VASSILIOS FILIAS

RESTRUCTURING OF AGRICULTURAL ENTERPRISES AFFECTED BY EMIGRATION: GREECE

1.

1.1. *Introduction*

Greece demonstrates the typical features of a country which has yet to advance beyond a first stage of economic development. This condition shows in the fact that the agricultural sector of the economy still engages over 50% of the nation's active labour force, responsible for generating only 27.6% of G.N.P. (1964). Since World War II, there has been a clear and continuous trend showing a decrease in the percentage of the active labour force engaged in agriculture plus a corresponding reduction of participation in G.N.P.; what stands out within that trend is that major increases are recorded among those engaged in tertiary occupations on the one hand, and in construction on the other, as proved by the recorded percentages by occupation. During the period 1951-61 total workers engaged in construction increased by 123.3%; this is obviously linked with the fact that the greater part of investment capital was channelled into the building industry. Workers in the services sector increased by 16.2% during the same period, and in secondary industries by a mere 8.5%. In absolute numbers, workers engaged in construction increased by 92,405, in services by 122,450 and in manufacturing and industry by 38,153.

Apart from the occupational make-up and development, Greece shows fundamental maldistributions which extend beyond demography and into the social and economic spheres.

With an ever-increasing rate of internal mobility of population, from mountainous and semi-mountainous regions down to the plains and from rural to urban areas, one-third of the nation's inhabitants live on 5% of the land and one-half on 15% of the land. Another example of fundamental maldistribution is indicated by the large differentials in per capita product, income etc., between various regions. For instance, per capita gross product in the Attica prefecture exceeded $626 in 1962 as against $355 in the Peloponnese, $297 in Thessaly and $231 in the Ionian Islands. Differences in agricultural per capita income are even greater, fluctuating from $100 to $130 in Central Greece (Eurytania etc.) to $430 to $460 in certain provinces of the Peloponnese (Argo-nauplia).[1]

By far the most typical maldistribution in Greek development is reflected in the unprecedented sprawl of Greater Athens as against the contractive decay of the nation's interior in practically all spheres, i.e. demographic, social, economic, cultural etc. The greater Athens area with 23% of the Greek population living within its confines, supplies 56.8% of all public revenue and absorbs 43.2% of public expenditure. In Thrace, for example, 4.25% of the total population yields only 0.6% of public revenue and absorbs 1.4% of public expenditure. The Aegean islands, while concentrating 5.69% of the total population, yield only 1.1% of public revenue and absorb 1.9% of public expenditure.

1.2. *Features of Soil and Cultivation*

According to the most recent statistical data for the whole of Greece (1961) the area under cultivation does not exceed 29.5% of the total expanse. During the last 40 years the area under cultivation has been substantially increased as the following figures indicate: from 1,245,298 hectares in 1922 to 2,700,000 in 1959, to 3,774,500 in 1961. These increases were combined with an overall improvement of overall soil-yields, although these indicate large differences from one region to another. Total farmland in Greece is divided into: 20.4% mountainous, 24.9% semi-mountainous and 54.7%

[1] Greek geo-administrative divisions are not comparable in size and class to their European counterparts; e.g. a prefecture often contains 2 or 3 provinces, a region or department may include several prefectures, etc.

flat. Irrigated land rose from 390,000 hectares in 1958 to 580,000 in 1964, corresponding to an average annual increase of about 6%, and today covers 15% of total farmland as against 9.2% in 1953. 64% of irrigated land is flat, corresponding to 16.1% of all cultivated flat land, 16.5% is semi-mountainous, equalling 9.1% of all cultivated semi-mountainous land, and 19.5% mountainous covering 13.2% of all mountainous farmland. According to the 1961 land census, cultivated land in Greece can be classified as follows:

a. Ploughed	2,809,030	hectares
Vegetables	108,630	„
Other garden produce .	8,310	„
Vineyards	247,130	„
Arboriculture	535,010	„
Grain	287,110	„
Fallow	353,500	„
b. Grazing	5,340,390	„
c. Forest	2,742,470	„
d. Barren		
— Lakes, rivers, marsh .	254,040	„
— built-up land	684,060	„

From 1950 to 1960, measured by large country departments, cultivable land expanded considerably, as shown in Table 1.

TABLE 1
Increase in Cultivable Land 1950-60

Geographical Departments	Cultivable Land in Hectares 1950	1960	% Increase
Thrace	183,000	241,000	31.7
Macedonia	694,000	945,000	36.1
Epirus	124,500	168,000	34.9
Thessaly	400,000	525,000	31.2
Central Greece-Euboea	524,000	624,000	19.0
Peloponnesus	530,000	599,000	13.0
Ionian Islands	56,000	78,000	39.2
Crete	194,000	265,000	36.5
Dodecanese	—	41,000	—
Rest of Aegean Islands	144,500	164,000	13.5
			Overall Average
	2,850,000	3,650,000	28

Proper standardisation by type and method of cultivation is not applied in Greece, hence departments or provinces cannot be clearly distinguished in terms of crop culture. This is very often true even within the frame of a single village-type community. In other words, within a small area of intensive cultivation there is often a highly atypical and hybrid system of crop culture showing for example, industrial horticulture or garden produce together with extensive grain farming, systematic arboriculture, etc. This does not mean that each area grows a major crop which forms the basis of local farming income. The determinant factors in this context are naturally the climate and quality of the soil. Southern Greece, for instance, is known for its olives, currants, grapes and citrus fruit. In the southern part of central Greece there is extensive tobacco, cotton and rice growing as well as arboriculture.

The gross value of agricultural production during the decade 1954-64 indicated an average annual increase of 4% as against an average increase of total G.N.P. by 6%. In spite of its remarkable progress, the agricultural sector of the Greek economy remains largely undeveloped. Within the last decade, recorded increases in the farming product originated much more in traditional crop cultures such as grain than in "dynamic" crops such as vegetables, garden produce, fruit etc. The crux of the matter here is that the state had planned to restrict the former and to expand the latter.

Labour productivity in Greek farming is not more than one-third of that of other member countries of the E.E.C. This is partly due to the insufficient use of fertilisers which does not exceed 3.8 kilos per acre as against 45.5 kilos in the Netherlands, 26.5 in Germany and 10.2 in France, and also to the very limited use of farm machinery. Mechanised farming implements per 100 hectares in Greece today average 0.9, as compared to 10.4 in Germany, 6.4 in the Netherlands and 4.8 in Belgium.

Although agricultural exports form the backbone of Greek foreign trade, they represent only $35-40 per resident, as compared to $140 each for Denmark, Belgium and Holland. Moreover, Greece increasingly has to import animal produce, thus burdening her balance of payments even further.

Prior to the mass migration of workers to Germany, a much

larger percentage of the labour force was bound up with, rather than employed by, the Greek farming economy. In other words, Greek farming suffered a very high percentage of underemployment. In the year 1953-54, it was estimated that the agricultural product used no more than 270.5 million real day-wages, although those linked with agriculture exceeded 332.1 million. In the year 1959-60, day-wages required for the agricultural product amounted to 290.9 million; the labour force bound-up with farming then exceeded 357.7 million.

All this indicates that labour productivity in agriculture is 20% lower than it would have been had only essential labour been used. Even though yields have increased by leaps and bounds (as shown in Table 2), Greek agricultural productivity cannot be considered satisfactory.

TABLE 2

Average Yields of Major Crops (kilogram per hectare)

Yearly periods	Wheat	Barley	Rice	Cotton	Tomatoes
1935-38	903	960	2,020	715	9,491
1948	948	1,048	2,436	775	16,660
1949	1,100	958	2,810	840	16,960
1950	980	969	3,298	1,026	17,151
1951	975	1,100	2,872	1,028	17,410
1952	1,089	990	3,490	968	16,820
1953	1,340	1,204	3,764	1,110	16,670
1954	1,167	1,105	4,095	1,174	17,938
1955	1,286	1,082	3,476	1,139	16,347
1956	1,172	1,112	3,799	964	16,902
1957	1,581	1,211	4,286	1,224	18,125
1958	1,607	1,364	3,928	1,154	18,240
1959	1,519	1,178	3,722	1,287	17,040
1960	1,457	1,325	3,928	1,115	17,111
1961	1,303	1,170	3,682	1,327	12,206
1962	1,443	1,254	3,578	1,298	13,307

1.3. *Size of Plots and Emigration*

The migratory flows of Greek farmers show three trends: internal shifts of population, traditional overseas emigration, and inter-

European migration.

In the period 1946-64, 262,000 Greeks left their homeland. These emigrants came from all areas of Greece, but mainly from southern Peloponnesos (Laconia-Messinia), certain Aegean islands (Lesvos), Epirus and certain prefectures of Macedonia (Florina-Castoria).

Inter-European migration started in 1954 with the demand for coalminers and industrial labour in Belgium; this continued until 1958 when the Greek labour force there had increased to 15,000 workers. Germany's foreign labour market opened in 1959, absorbing 187,000 workers by the end of 1965. Judging by the available research data, 70-75% of these immigrants originated from agricultural areas. A closer approximation and a more accurate classification on the basis of occupation prior to departure is difficult to realise since such data are mostly based on information supplied by the immigrants, whose statements sometimes run contrary to fact. It is no coincidence that migration started in barren mountain regions and in provinces where immigrants had settled in the past, from Asia Minor after the catastrophic war of 1922, where average plots were small and labour reserves large. In other words, migration originated generally in areas with low per capita agricultural incomes.

The average density of the Greek population is not high. In 1961 it did not exceed 64.1 persons per square kilometer; at that time, the ratio of farmers to cropland was 97.3 per square kilometer.

The land cultivated per agricultural undertaking in Greece averages 3.7 hectare; however, the maxima and minima show considerable differences.

TABLE 3

Average Plot Size per Department

Department	Hectare
Thessaly	4.18
Peloponnese	3.45
Central Greece and Euboea	3.37
Macedonia	3.2
Crete	2.89
Aegean Islands	2.18
Epirus	2.05
Ionian Islands	1.89
Thrace	3.7

TABLE 4

Average Plot Size per Family (1950)

Total agricultural undertakings	Hectare
28.51%	0- 1
56.93%	1- 4.9
11.36%	5- 9.9
2.57%	10- 19.9
0.53%	20- 49.9
0.10%	50-500

These differences become even more pronounced if the number of agricultural undertakings by size-category are compared with actual land held (1961):

TABLE 5

Total Agricultural Undertakings and Land Held

Size of Plot	No. of Agricultural Undertakings	Hectares held	% of Total Cultivated Land
0- 1 hectare	286,700	230,850	6.4
1- 5 „	573,200	1,562,770	43.4
5-10 „	114,300	796,730	22.1
10-20 „	25,900	365,890	10.1
20-50 „	5,400	168,510	4.7
50 and over	1,000	480,730	13.3
Total	1,006,500	3,605,480	100.0

Even this approach does not give us a full picture since variations in yields per acre, relative to conditions of climate and soil, cause unseen differentials. As a rule, flat land is more fertile than mountainous or semi-mountainous, and irrigated more than non-irrigated land. However, certain qualities of tobacco only grow in semi-mountainous or mountainous regions where yield per acre does not exceed 50-60 Kg. The quality of that tobacco is so superior that it generates a higher income for the farmer than that which grows on the plains, the yield per acre of which ranges from 400-500 Kg. It is known too, that 8-10 acres of currants and citrus fruits in Northern Peloponnesus, yield a value equal to that of 100-200 acres of other crops. General conclusions should therefore not be drawn on the basis of the formal criterion of size of plot; size in itself is not a good-for-all determinant of income level.

1.4. *Forms and Extent of Migration*

In many provinces of Greece migration has almost assumed the nature of flight. During the period 1959-65, emigration abroad surpassed the normal population increase in 4 out of 9 of the country's largest departments (Ionian Islands, Macedonia, Thrace, Aegean Islands), and in one department, Epirus, the numbers were almost equal. This is shown in more detail in Table 6.

TABLE 6

Population Increase and Emigration per Department

Major Geographic Departments	Total population as per 1961 census	Normal population increase, 1959-65	Total emigrants, 1959-65
Greater Athens	1,852,709	130,619	81,298
Rest of central Greece and Euboea	970,949	68,138	18,087
Peloponnesus	1,096,390	71,870	54,946
Ionian Islands	212,573	10,535	14,012
Epirus	352,604	32,400	32,660
Thessaly	689,927	57,323	23,596
Macedonia	1,896,112	155,131	173,549
Thrace	356,555	33,343	39,068
Aegean Islands	477,476	20,734	29,447
Crete	483,258	34,792	15,516
Those having not declared place of origin			54,972
Total for Greece	8,388,553	614,885	537,151

Since 1963, a sample unit of 1000 inhabitants has shown that people emigrating abroad formed a much higher percentage than that of the normal population increase. The figures for 1964 were 9.6% normal increase and 12.4% emigration; by 1965 the situation had become even more critical. An outstanding fact is that Macedonia and Thrace, two major areas of migration, are represented by much higher percentages in the migration totals than might be anticipated from their proportion in the total population.

TABLE 7

Population and Migration per Department

Geographic Department	Department population against the country's total %	% migrants from each department against total of migrants from Greece
Greater Athens	22.1	15.1
Rest of central Greece and Euboea	11.6	3.4
Peloponnesos	13.0	10.2
Ionian Islands	2.5	2.6
Epirus	4.2	6.1
Thessaly	8.3	4.4
Macedonia	22.5	32.3
Thrace	4.3	7.3
Aegean Islands	5.7	5.5
Crete	5.8	2.9
Undeclared	—	10.2
Total	100.0	100.0

If we consider migration abroad on the basis of data from a research project undertaken for provinces and smaller regions and not for larger departments, we find that the greater number of regions from where people emigrated to Europe were either those which had had a large labour reserve since before the war, or which underwent a substantial population increase between 1940 and 1961.

The problem of internal migration seems more complex, roughly manifesting the following trends:

— from mountainous and semi-mountainous regions to the plains,
— from villages to towns and provincial capitals,
— from towns and provincial capitals to the two largest cities, Athens and Salonika.

In the period 1951-61, the balance between town and country was generally in favour of the former. According to Dr. Bernard Kayser, 31 out of 55 towns in Greece showed an increase of over 10% within the same period. On the other hand, non-urban population showed a corresponding increase in only 31 out of 147 provinces. It is estimated that during those ten years at least 690,000 persons moved to the towns, with a consequent increase of the urban population by 23.5%. The larger increases of urban population appear in the towns and cities of central Greece and Euboea (including Athens +32.85%), the towns of Crete (+20.33%), the towns of Macedonia including the city of Salonika (+19.26%).

A more analytical approach suggests a substantial maldistribution of the urban population, Athens accounting for 52.13% and Salonika 10.65%, while 41 out of 55 towns comprise 20.48% of the total urban population.

An outstanding feature, which is typical of Greek development, is that while provincial towns gained 10.3% of new dwellers between 1951 and 1961, they lost 9.3% of their inhabitants to the capital and Salonika. Salonika concentrates 16.84% of the entire population of Macedonia and Thrace, and Athens 22.9% of the entire national population. Even more outstanding is the fact that Athens absorbed 395,630 people during those ten years, or 71.6% of the net total increase of the whole of the Greek population in that period. Between 1928 and 1961 the population of Athens increased by 136.9%. Overall estimates suggest that Athens absorbed 68.6% and Salonika 11.8% of the urbanisation trend.

Sampling projects show that 66% of those migrating to Athens and Salonika and 73% to other towns came from farming regions. There is also a considerable shift to Athens and Salonika from the smaller urban centres. These shifts led to a noticeable weakening of local elites, both administrative and economic. As far as shifts from one farming community to another are concerned, 87% proved to occur within the same province.

Of the men who moved into towns, 47.7% were absorbed into commerce, transport and services. This should be supplemented by another 7% who have not secured stable employment and are engaged only occasionally in the tertiary sector of the economy.

Another 27% can be distributed between the building and secondary industries.

The corresponding distribution of occupations among the older-established and permanent town and city dwellers is 52.4% in commerce, transport and services, 11.3% in building and 29.1% in secondary industries, while 7.2% failed to state their occupations. The proportion of migrants occupied in services is lower than that of the older-established residents, while the proportion in building and construction is higher. It is interesting to note that the rate of increase of those occupied in secondary industries is lower than the rate of increase of actively employed among the entire population of the country. Indeed, and despite the absolute increase of those occupied in secondary industries (from 450-400 to 484-400 persons between 1951 and 1961), their percentage among the actively employed shows a drop from 14.2% to 13.2%. More specifically, from among those engaged in farming occupations we notice a drain of the younger and more productive ages. Nearly 85% of those migrating abroad belong to the 15-44 age group. The percentage is much lower when it comes to internal migration where shifts involve entire families. Even here, however, it is no less than 70%. Within the regions of external migration, the parents and the one or two remaining younger persons try to close the gap caused by the migrating farm labour. There is also a frequent economic link between internal emigrants and the farming community at home, in the sense that the former draw primary goods or even receive small sums of money until they become self-sufficient in the towns. The link then continues in reverse, those family members living on the farm receiving financial assistance from the migrant. Exact data are not available concerning the specific age distribution of internal and external migration. Some conclusions may be drawn from Table 8 which refers to proportional percentages of population from the large departments of the country against that of the whole of Greece within the age group 15-44. It refers also to total numbers of emigrants going abroad from the large regional departments between 1959 and 1965.

Excluding the normal population increase between 1961 and 1965, and in view of the fact that 85% of migrants going abroad belonged

TABLE 8

Age Groups and Total Migrants per Department

Large Geographic Departments	Age group 15-44 (1961 census)	% of 15-44 age group against national total	Total migrants 1959-65
Greater Athens	912,500	49.2	81,298
Rest of central Greece and Euboea	420,100	43.2	18,087
Peloponnesus	431,600	39.3	54,946
Ionian Islands	83,400	39.2	14,012
Epirus	150,200	42.5	32,660
Thessaly	312,300	44.9	23,596
Macedonia	894,000	47.2	173,549
Thrace	160,400	44.9	39,068
Aegean Islands	181,700	38.0	29,447
Crete	199,500	41.2	15,516
Undeclared			54,972
Total for Greece	3,745,700	40.9	537,151

to the age group 15-44, the above data show that approximately 12% of the 1961 "reserves" left the country while at least 12-13% of the same age-group moved to other towns. Roughly speaking almost 20% of those belonging to the age-group of maximum productivity have left the farming sector. This in itself is not a large percentage, but labour problems crop up on account of maldistribution in migration from the provinces. These problems consist of local shortages of necessary labour during peak periods on the one hand, and on the other, more permanent shortages in areas of intensive cultivation where technological improvements are too slow to close the existing labour gap. Such areas are primarily those where they grow currants, garden vegetables, industrial crops (sesame, cotton, tobacco etc.), as well as areas where harvesting and fruit-picking require a great deal of labour, e.g. tobacco, cotton, olives, etc.

1.5. *The Fragmentation of Farming Plots in Greece*

Greek agriculture shows a very considerable fragmentation of farmland due to a variety of factors: social, economic, demographic, legal (formulation of inheritance laws) and, of course, historical.

The average dispersion of holdings has been estimated on the basis of a sampling survey (conducted by the Ministry of Agriculture, taking 1428 farming enterprises all over the country of 2.2-2.8 kilometers as being typical units).

Differences do not appear important among the various regional departments of Greece: in Crete a farming plot consists of 7 holdings; in Thessaly of 7.4; in Central Greece of 7; in the Aegean Islands of 6.8; in Thrace of 6.5; in Peloponnesos of 5.8; in the Ionian Islands of 5.4 and in Epirus of 5.3 holdings.

Clearly, fragmentation on such a scale creates very grave problems for Greek agriculture, especially as it prevents extensive mechanisation as well as the introduction of new intensive methods of cultivation, mainly because of the time-consuming factor. In addition, and due to fragmentation, remote holdings are left uncultivated, their total size being estimated at 8-10% of entire cultivated land, i.e. almost 3 million acres.

State policy is now leading to a large-scale redistribution of land with a series of measures that bear no immediate relevance to the objectives of the present analysis. This redistribution will cover a total of 15 million acres and has already covered 2.5 million acres. The effort, however slow, is being continued.

2.

2.1. *Introduction*

The work of gathering evidence and data on a national scale on the effects of migration on agriculture has yet to be undertaken by the Greek statistical services.

The findings and remarks which follow have been drawn from a special research project on inter-European migration of Greek nationals, conducted under my supervision within the framework of the Athens Social Science Centre. This project is now in the final stage of data-processing and the classification of information taken from the gathered questionnaires.

Important information has been gathered, specifically, from the local milieu of the emigrant and from seven prefectures of the Greek interior. Such information was the outcome of a cross-section investigation which covered communities of every category as well as all agricultural income levels.

The project was conducted in the prefectures of Drama, Florina, Emathia, Yannena, Lakonia, Island of Lesvos and Evros, using the combined criteria of rate of migration, type of crops, average farming income, etc. 1699 questionnares were gathered from emigrant and non-emigrant families living in 56 farming communities, 423 in 7 large and small towns and 249 from emigrants repatriated with definite intent to stay. In particular reference to farming communities, sample evidence was drawn on the basis of these representative proportions: 25% mountain, 25% semi-mountain and 25% valley communities (living in the plains), all with a high rate of migration. Another 25% was drawn from communities with a low rate of migration. These proportions were kept within each prefecture as well as for the whole of Greece.

Overseas migration dominates in the prefectures of Florina, Lesvos and Lakonia which have a tradition of emigration going back to the beginning of this century. In the Yannena prefecture there is a high rate of overseas as well as inter-European migration, while evidence for the other three indicates an almost exclusively inter-European migratory trend.

This project has gone through many stages. Before the questionnaires were completed by especially trained research interviewers, all available data were gathered from the prefecture authorities. The following authorities, in particular, were asked to provide various types of information: Regional Development (local), Ministry of Agriculture (local), branches of the Agricultural Bank and the Prefectures.

On the next level of approach, data were gathered from the Mayors, community chairmen and secretary-generals. The third level of approach consisted of selective interviews and the completion of questionnaires. Irrespective of the project's area limitation (only 7 prefectures), the selectivity of the sampling process has been such that it can be considered as reflecting the whole of Greece.

2.2. *Migration and the Agricultural Occupation*

The specific set of questions dealing with the effects of migration on the average size of plots, fragmentation, change of crop cultures etc., is closely linked with the assessment of the intentions of those who have migrated to return to their communities on the one hand, and to resume their agricultural occupations on the other.

The local authorities in 13 communities declined to answer, stating that they deemed the situation too fluid. In other cases, serious differences were found between those communities with a high rate of overseas migration and those with a high rate of inter-European migration. In the former, where return to home-base is overwhelming, it is considered very improbable that the decision to emigrate will coincide with a definite decision to abandon farming. Hence, the problem lies with the latter communities where, according to analytical interpretation of the data processing, it seems clear that among those migrants who will return, at least 50% will turn to other occupations.

This, then, is one side of the question, the other referring to whether or not and to what extent grave shortages are caused by the fact that a large section of the disposable labour force from agriculture turns to foreign migration.

Up to February-March 1966, when this research was carried out, migration had not appeared to cause an insoluble problem as far as covering labour needs for crop cultivation was concerned. In answer to the question whether the community had to use outsiders due to migration, 36 out of 56 communities indicated that the remaining labour force was perfectly adequate. The remainder use farm workers from other areas and communities, dependent on the type of cultivation and mostly only during peak periods, which usually last from 2 to 4 months. The fact that only 43 of the total investigated communities reported a relative scarcity of farm labour proves, *first*, that the majority of those who had emigrated made up the labour surplus, and *second*, that even though seasonal bottlenecks may appear within the community's framework, sufficient numbers from among those who make up the disposable labour force continue to exist within the larger area and/or province for covering such bottlenecks.

Hence, even from this angle, the intention on the part of those returning not to resume the farming occupation is perfectly understandable and reasonable, all the more so since the present low level of agricultural technology means that these workers belong to the community's labour surplus. Nevertheless, the migratory "reservoir" appeared to be more or less exhausted in most of the investigated communities. The fact that in areas of heavy migration we find ourselves during peak periods on the margins of the disposable labour force, under present conditions of agricultural technology, can also be proven by looking at wages paid. Average farm wages, fluctuating from \$1½ to \$ 2 prior to emigration, are now on the \$2½ level, reaching at times \$4 (medium average \$3). To be sure, these levels refer to all types of unskilled labour, fruit-picking labour, etc. In certain cases, however, e.g. specialised farm labour, wages went up to \$6-8, seriously affecting the cost of production and rendering Greek agricultural products much less competitive on the world market, e.g. currants and industrial crops. However, such cases form the exception rather than the rule. On the whole, agricultural wage rises cannot be considered excessive. On the contrary, they are rather minimal against recent rises of the price index and minimum farm prices.

After the large migration movement became manifest, farming occupations took a different turn as a consequence of increased mechanisation which reduced labour in the various "massive" farming jobs (e.g. ploughing, harrowing, etc.). On the whole, "bare" human labour has been almost entirely substituted within these process-categories, even though 18 out of 56 investigated communities were found to lack sufficient tractors to fully cover the cycle of these heavy jobs. The very important change in farm-labour conditions resulting from increased mechanisation, is the growth of underemployment among farm populations throughout the year, except in peak periods, on an unprecedented scale. This state of affairs has forced farm labourers to work and save for their round-the-year subsistence in a fraction of that time, usually from 4 to 6 months. The psychological concomitants of depressive boredom and nervous fatigue caused by long inertia are added to economic and financial distress, which are themselves the effects of maldistribution of employment throughout the year.

2.3. *The Fate of Relinquished Agricultural Undertakings and Properties*

Another interesting aspect of the same problem is found in the answers to the question: What happens to the farms of those who leave their communities with their families, whether they are overseas or inter-European migrants? This aspect acquires special significance since the entire problem of distribution and size of plots in its eventual phase is affected.

In 46 of the 56 communities investigated we found that farmers leaving with their families entrusted their farms to relatives, usually without charge or recompense. The others showed a combination of (a) concession to relatives; (b) long-term lease (usually 10 years) for a small charge; (c) concession to a third party for the purpose of cultivation, against payment of half the value of the produce ("halves").

In very few cases was farmland abandoned and even then it involved barren wasteland. Wherever possible, farmland is conceded to relatives, not only to immediate family members but also to more distant relatives (cousins etc.). This is a significant matter, particularly in cases involving overseas migration, since a post-migration status is created and consolidated whereby the economic foundations of those relatives left behind are strengthened. This status will gradually become permanent, whereupon plots belonging to permanent migrants will be merged with those belonging to the relatives who stay at home.

2.4. *General Effects of Migration on Agriculture*

Migration has significantly affected the use of soil and crop cultivation, the most important change being that from intensive to extensive crop cultures, i.e. mainly from vegetable produce and industrial crops to cereals. In six out of seven prefectures investigated, local authorities report a large-scale switch from intensive to extensive crop cultures throughout the area. Fifteen out of 56 communities also indicate the switch to extensive cultivation as the major change brought about by migration.

Parallel to this, a gradual abandonment of barren wasteland is noted where there is no extension of intensive crop culture. There is a pronounced abandonment of fallow wasteland, which is now used for pasturage. This is especially noticeable in areas of developed and traditional stock-breeding (e.g. Yannena prefecture), or where such a change provides a clear opportunity for developing stock-breeding on a large scale (e.g. certain areas of Florina prefecture). However, this is more of an exception since animal-breeding on the whole meets a most acute problem of labour shortage on account of emigration.

Much less often is it found that stock-breeding plants are extended at the expense of crops previously grown in the same area. On the other hand, there is a general increase of fallow land compared to that existing prior to the migration period. In certain areas (e.g. Lakonia), land previously devoted to annual crops is given over to arboriculture. However, this positive switch is of a limited scale and occurs in very few places.

The abandonment of fallow land on a substantial scale is noticeable mainly in the two mountain regions (prefectures), Lakonia and Yannena, and on the island of Lesvos. In all seven prefectures included in the research and taken as typical of the whole of Greece, among 1,168 farm families of emigrants and 531 families without emigrants, reports confirmed considerable reductions in privately-owned cultivated land; on the other hand, according to answers given by a large percentage of the interviewed families, areas are being cultivated which go far beyond those owned by the operating farmer.

Specifically, data accumulated are as follows:

First, among families of emigrants:

— 5% of families interviewed cultivate 95-80% of privately-owned land (a reduction of 5-20%);

— 20% of families interviewed cultivate from 49% to 1% of privately-owned land (a reduction of 49-1%);

— 5.9 % of families interviewed stated that they no longer cultivate their own land.

In other words, 38 % of the emigrants' families interviewed appeared not to cultivate the total of their disposable plots. On the other hand, 3.1 % of families interviewed cultivate other people's farms exclusively, and 12.5 % state that they cultivate land belonging to other people in addition to their own land and land under various types of rent and lease.

Second, among the families sampled for not having emigrant relatives:

— 3.9 % farm from 95-80 % of privately-owned land (a reduction of 5-20 %);
— 15.6 % farm from 79-50 % of privately-owned land (a reduction of 21-50 %);
— 7 % farm from 49- 1 % of privately-owned land (a reduction of 49-1 %);
— 2.1 % do not farm their own land.

It follows that scale percentages of non-cultivation for non-emigrant families are lower; this is reflected in the 28.6 % that this amounts to of the total of those interviewed (i.e., almost 10 % fewer than emigrant families). On the other hand, 8.4 % of the latter do not own their own plot but farm exclusively other people's land, while 14 % farm more land than they own.

With regard to this last aspect, the difference between emigrant and non-emigrant is significant.

Generally speaking, the conclusion is that fertile land is not abandoned on a substantial scale in most areas of migration. We notice, however, certain shifts within the farmers' categories. Particularly the landless farmers or those with "dwarf" plots (in our sampling 14.1 % of interviewed emigrants' families and 14.9 % of non-emigrant families) gradually extend their cultivated areas. It seems also true that non-emigrant families undertake, to a large extent, to farm emigrants' land under various forms.

Another interesting aspect of this question is that of the changes which took place as a result of migration. Of the total sample of emigrants' families, 370 or roughly 31.7%, stated that migration had essentially affected their crop cultures. The most important change seems to be the restriction of tobacco-growing (120 cases) or even its complete abandonment (32 cases).

On the other hand, 94 people answered that no changes in cultivation occurred. This implied that crop-culture proportions were maintained; however, the number of farm owners was reduced all along and/or land was farmed on a lease-basis. Finally, and this point is also significant, only 37 of those interviewed indicated the complete abandonment of farm-employment as a consequence of the effects of emigration, either because of improved living standards or of labour shortage. The most important change after the switch from intensive to extensive crop culture, is the restriction of tobacco-growing. This would have been completely ceased in some of the cases reported if not for fear of losing state license-benefits; these are almost automatically lost if growers fail to produce a minimum quantity without adequate reason.

Emigration has apparently not caused any important changes by way of reducing fragmentation, except in the prefecture of Evros and to a lesser degree in those of Drama and Florina. On the whole, in regions of a particularly agricultural character, i.e. lacking tourist interest and not taken up gradually by a sprawling town, the buying and selling of land is minimal. Only three people within the entire area of seven prefectures stated that they had purchased land for the purpose of extending their own plots and creating a self-sustaining undertaking. If these had been added to non-emigrants and/or other regions with a higher level of farmland transactions, no doubt the percentage would have been greater. So far, however, land transactions and plot extensions are not sufficient to affect farm property distribution on a national scale.

CONCLUSIONS

Emigration generates singular "landslide" effects on the set of values, economic composition and social stratification at every level and in all categories of the Greek populace.

As far as the effect of migration on the size of plots and farming methods is concerned, the course of events to date does not substantiate the view of "apocalyptic" change. However, seeds of particular developments can be discerned by the diligent observer, which could lead to a rise in the level of technology, decrease of fragmentation and increase of average plot size.[2] This is not simply a problem of farm policy but is also closely linked to the prevailing legal and constitutional order. In this respect, certain laws should be abolished in order to allow the 1922 immigrants to freely dispose of their plots, as well as all those classified as settlers.

Indications to date do not substantiate the view that all emigrants rush to sell their farm properties; this despite the evidence of *Public Economy Statistics*, according to which 595,000 farm properties were sold in 1959, 80,000 in 1960, 91,500 in 1963 and 103,000 in 1964. All such transactions seem to take place outside the major farming regions; in fact, they occur in those areas that assume a tourist character (mainly coastal) or, alternatively, in areas taken up by the normal growth or otherwise of urban centres.

Be that as it may, the link between migrant and alloted farm-tract becomes very loose. This happens both in cases of (a) people who emigrate overseas, and (b) other migrants, internal and external, who decide to abandon the community and/or farming employment. Beyond the point of land-concession to relatives, which in itself eventually leads to a *de facto* plot expansion for those left behind, what does emerge is the possibility of state intervention. In other words, the local authority can step into the picture as a first buyer on reasonable terms, purchase the land at an equitable price and arrange for its rational distribution to the remaining farmers in such a way as to help create unified and self-sustaining farm-plots; repayment can then be made in long-term instalments.

It must be pointed out, however, that in each and every case most of the inter-European and internal migrants insist on keeping their plots for future security, even though such land may remain uncultivated. The lack of economic security and the deep anxiety born

[2] All this, of course, is inconceivable without a State policy based on systematic programming.

by unstable employment, caused in turn by underdevelopment and the low level of industry, lurks as a constant threat, thus necessitating an ultimate outlet to agriculture.

On the other hand, emigration encourages cooperation (cooperatives) as a more effective way to meet the demands of farming. Given the proper kind of state guidance, producer-cooperatives could be established in order to meet current needs more systematically, to expand the use of machinery and to improve existing methods.

Migration also facilitates the implementation of more effective land-redistribution policy-measures in several communities where labour shortages due to heavy migration make the need for redistribution much more evident.

Should these possibilities be fully utilised, the positive outcome will be a saving of labour force plus improvements in modern farming technology, in such a fashion as to avoid the greatest of all dangers: the increase and expansion of extensive crop cultures (mainly cereals) at the expense of intensive ones. The strengthening of the latter, it should be remembered, is an aim of the State's long-term farm policy.

7

ZVONIMER BALETIC

L'EXODE RURAL ET SON INFLUENCE SUR L'ENTREPRISE AGRICOLE: YOUGOSLAVIE

La croissance d'une économie dépend dans une grande mesure de ses conditions naturelles et de ses caractéristiques historiquement formées. C'est valable surtout pour l'agriculture. Les conditions naturelles de la production agricole en Yougoslavie sont en général pas très favorables. La terre agricole forme seulement 57,8% de la superficie totale. La terre arable ne fait que 40%. Pourtant, le rapport entre la population et la terre agricole n'est pas tellement insatisfaisant, puisque avec 0,75 ha de terre agricole per capita la Yougoslavie se trouve parmi les pays avec le rapport le plus élevé en Europe. Mais la basse qualité de la terre diminue sensiblement la valeur de ce rapport.

La fertilité de la terre est généralement médiocre, sauf dans la région autour des grands fleuves au nord du pays. La partie centrale, forestière et montagneuse, n'est pas convenable à la production agricole, hormis l'élevage extensif des brebis et des bovins de basse qualité. Dans la région costale, la rareté de la terre arable fait l'obstacle essentiel à un développement plus avancé de l'agriculture d'un type méditerranéen.

L'inégalité très large du rapport entre la terre et la population selon les régions et le fait que ce rapport est plus haut dans les régions où le sol est le plus fertile et le plus bas là où le sol est le moins fertile, fait le trait spécifique de la structure agraire en Yougoslavie. Cela s'explique par les conditions historiques de la formation de l'habitat des peuples des Balkans. Les guerres continuelles, les invasions et les occupations étrangères ainsi que des maladies ravageaient la population des plaines et forçaient une grande partie de la population de vivre dans les endroits que les voies stratégiques n'atteignaient pas, surtout dans les montagnes. La population évitait d'habiter les régions situées le long des frontières militaires de l'Autriche et de l'Empire Ottoman, qui pendant plusieurs siècles suivaient les vallées du Danube et de la Sava, qui sont aujourd'hui les régions agricoles les plus riches.

Pendant les cent dernières années, les conditions de la vie normale revenant, on a pu voir des mouvements de la population vers la plaine et les vallées des grands fleuves. Ce processus, cependant, a été lent, d'autant plus qu'aucun centre industriel puissant n'était là pour attirer cette population. Comme l'agriculture n'offrait pas le nombre suffisant d'emplois, la poussée démographique des régions pauvres dépassait largement les possibilités d'absorption des régions plus riches et elle devait se diriger vers les pays d'outremer (Etats-Unis, Amérique du Sud, Australie). Il faut, cependant, noter que cet exode n'était pas principalement l'effet du développement industriel et des changements conséquents dans la structure économique du pays.

Le déséquilibre démographique entre les régions représentait toujours, et même actuellement, un moteur puissant des migrations. Ce déséquilibre est particulièrement prononcé entre les régions centrales et les régions développées du nord. Malgré le développement industriel de toutes les régions ces vingt dernières années, il joue encore un rôle important dans la détermination de la structure et des directions des migrations contemporaines. Nous reviendrons encore sur ce point.

La caractéristique essentielle des économies en voie de développement est la diminution continue du nombre d'agriculteurs dans la population totale. L'exode rural est la conséquence nécessaire de la contraction relative du secteur agricole dans l'ensemble de l'économie. Le processus de la désagrarisation de la société yougoslave est très intense. D'après le recensement de 1921 la population agricole s'élevait à 79 % de la population totale. Le pourcentage respectif en 1931 était 74. Après la guerre, ce pourcentage diminue rapidement. Dans cette période, un quart de la population a quitté l'agriculture au profit d'emplois extra-agricoles. En 1948, il y avait 68 % de la population dans l'agriculture, en 1953 60 % et en 1961 seulement 50 %. Actuellement, on estime que 45 % de la population tire ses revenus principalement de l'agriculture. Le nombre de la population active a diminué plus rapidement que le nombre de la population agricole totale. Dès 1948, le nombre de la population agricole active est tombé de 5.627.000 à 5.360.000 en 1953 et à 4.790.000 en 1961 ce qui fait respectivement 53,0%, 52,0% et 51,5% de la population agricole totale.

La diminution relative et absolue de la population agricole dans la population totale et la diminution relative de la population active dans la population agricole sont accompagnées d'une détérioration de la structure de la population active: les jeunes, et dans une proportion plus large les jeunes hommes que les jeunes femmes, abandonnent en masse leur métier d'agriculteur, ce qui a pour résultat le vieillissement et la féminisation progressifs de la population agricole active.

Le vieillissement de la population agricole est une caractéristique de toutes les économies en voie de développement, puisque l'abandon de l'agriculture est le plus facile aux jeunes gens, dont l'âge, l'adaptabilité et le niveau plus élevé des qualifications scolaires leur permettent une mobilité plus large et une plus grande possibilité de trouver de l'emploi dans le secteur extra-agricole. Le vieillissement de la population agricole est donc un signe du développement économique et social et il n'est pas en principe regrettable. Il faut noter que le vieillissement de la population agricole est le plus prononcé dans les régions les plus développées et surtout autour des centres industriels. L'indice de vieillissement, le rapport entre la population âgée de plus de 60 ans et celle plus jeune de 20 ans montait de 0,190 en 1921 à 0,218 en 1953 et à 0,253 en 1961. On estime que cet indice est 0,283 en 1966. Dans certaines régions cet indice est beaucoup plus élevé et dans un grand nombre de cas dépasse 0,5. D'après le recensement de l'agriculture, fait en 1960, il y avait en Yougoslavie 210.000 familles agricoles (soit 8,2%) sans main-d'oeuvre; le nombre de familles paysannes qui ne resteront pas dans l'agriculture à cause du manque du successeur ou à cause de l'exode rural de la jeune génération est bien supérieur.

Le vieillissement de la population agricole est une forme de l'ajustement économique entre l'agriculture et les autres secteurs de l'économie. Mais il peut, dans certaines circonstances, devenir un problème économique, si la production agricole n'avance pas en même temps. Le déplacement d'une masse de la population de l'agriculture vers d'autres secteurs doit être immédiatement suivi par la hausse de la productivité de ceux qui restent dans l'agriculture. Comme la structure de la population agricole avec l'exode rural se détériore, cette productivité supérieure ne peut pas être atteinte par les efforts physiques de cette population mais par un emploi plus large des procédés modernes dans la production agricole. Sinon, on court le danger de ne pas pouvoir couvrir les futurs besoins alimentaires du pays.

La féminisation de la population agricole active est aussi une tendance importante. De 1953 à 1961 le pourcentage de femmes dans la population agricole active s'est élevé de 40,5 à 42,4. Le nombre absolu de femmes actives dans l'agriculture est tombé de 6%, tandis que le nombre d'hommes est tombé de 13,7%. Il est aussi important de mentionner que la proportion de femmes dans la population agricole active est bien plus élevée pour les catégories plus jeunes d'agriculteurs. Parmi les agriculteurs de moins de 25 ans, on trouve 53,8% de femmes et 45,3% dans la catégorie de 25 à 35 ans. Si l'on ajoute le travail agricole des ménagères, qui ne sont pas comptées dans la population active, mais qui consacrent certainement une partie de leur temps aux travaux agricoles, il apparaît, que la proportion du travail agricole exécuté par la main d'oeuvre féminine est bien plus grande que les statistiques le montrent. La main-d'oeuvre féminine est surtout engagée dans l'élevage, ce qui est particulièrement valable pour le travail des ménagères, qui ont à leur charge la volaille, les porcins, la production du lait et des produits laitiers, etc. mais elles ne sont pas pour autant exceptées entièrement des travaux des champs.

On est incliné de considérer le vieillissement et la féminisation de la population agricole comme les deux aspects d'un seul phénomène et de les expliquer par les mêmes facteurs, mais il me semble que ce n'est pas entièrement correct. Le vieillissement de la population agricole, avec la contraction relative du secteur agricole est la conséquence inévitable du développement économique, tandis que la féminisation est liée surtout avec certain degré et certain type de l'industrialisation, à savoir l'établissement d'un secteur secondaire.

La création de ce secteur représente une forte demande de la main-d'oeuvre masculine. Le développement ultérieur, l'épanouissement du secteur tertiaire et la mécanisation de la production agricole renverse cette tendance et on voit une masculinisation de la main-d'oeuvre agricole. Donc, la féminisation de la population agricole caractérise une étape de transition. La Yougoslavie se trouve précisément dans cette étape.

La diminution de la population agricole dans la population totale est accompagnée par la diminution plus rapide de la proportion de la production agricole dans la production totale. Il s'agit, bien entendu, d'une diminution relative. En 1939, la part de l'agriculture dans le revenu national s'élevait à 50%. Après la deuxième guerre mondiale, ce pourcentage a montré une baisse rapide. En 1953, il s'élevait à 38,4%, en 1959 à 31,9%, en 1962 à 26,6%, en 1964 à 20,3%. Actuellement, la part relative de l'agriculture dans le revenu national s'élève à 20%.

Le progrès de désagrarisation n'est pas suivi d'un progrès adéquat de l'urbanisation. 70% de la population yougoslave vit encore dans les agglomérations non urbanisées. Cela signifie qu'une grande partie de la population non agricole vit dans la campagne. L'industrialisation extensive, financée en partie par les bas salaires, pratiquée durant toute la période de l'après-guerre, favorisait les ouvriers qui venaient de la campagne et ne rompaient pas, pour autant, leurs liens avec leur milieu d'origine et avec leur métier d'agriculteur. Cela a donné naissance à une extension extraordinaire des ménages mixtes qui tirent leurs revenus de l'agriculture et des secteurs non agricoles. D'après les données du recensement de l'agriculture en 1960, le nombre d'ouvriers des ménages mixtes s'élevait à 1.306.000 ou 1,49 par famille. Cela faisait 50% des effectifs des ouvriers industriels. Plus d'un quart de la population totale obtenait les revenus en même temps de l'agriculture et de l'emploi permanent dans d'autres activités. On estime que ce nombre aujourd'hui est encore supérieur. Le travail de culture de la terre dans les ménages mixtes incombe principalement ceux qui ne sont pas employés dans d'autres activités, c'est-à-dire surtout les gens plus âgés et les femmes.

Les causes de l'apparition et de la maintenance des ménages

mixtes sont différentes et complexes. Nous ne pouvons pas y entrer pour leur analyse, mais je voudrais indiquer certaines différences régionales. Le motif principal de la recherche de l'emploi hors d'agriculture est le revenu plus élevé des activités non agricoles par rapport au revenu qui pourrait être obtenu par les efforts additionnels sur l'exploitation. Cela montre, entre autres, le fait que les ménages mixtes possédaient partout moins de terres que les ménages purement agricoles, donc que la productivité marginale du travail sur les exploitations des ménages mixtes était inférieure que sur les exploitations des ménages purement agricoles. Mais il apparaît aussi que le phénomène de l'économie mixte est bien plus répandu dans les régions où la productivité agricole est supérieure. Cela peut être expliqué par le degré supérieur du développement économique général de ces régions. Les agriculteurs de ces régions pouvaient plus facilement trouver l'emploi extra-agricole dans leur village même ou dans les environs que les agriculteurs des régions arriérées. L'emploi extra-agricole de la population des régions pauvres forçait cette population de rompre complètement avec leur métier antérieur ou de se contenter des conditions d'emploi beaucoup plus difficiles (les longs voyages jusqu'à la place de travail, les salaires plus bas, etc.). A cause de cela l'émigration des régions pauvres (la partie centrale, et dans certaine mesure la partie méridionale du pays) a le caractère définitif ou saisonnier (à l'exception des environs des villes) tandis que la population rurale des régions du nord, trouvant de l'emploi extra-agricole ne quittait pas, pour autant, leur milieu d'origine. Il est compréhensible que dans ces conditions l'émigration de la population des régions pauvres fait la majeure partie de l'accroissement mécanique des villes.

Le transfert de la population de l'agriculture vers d'autres secteurs est plus facilement faisable dans les régions du nord que dans les régions centrales. Le taux de natalité est bien supérieur dans les régions de la partie centrale du pays (à peu près double), ce qui retarde le processus de la désagrarisation de ces régions. L'émigration ne prend même pas l'accroissement naturel, donc la population agricole s'augmente encore. Le processus de désagrarisation des régions du nord est bien plus avancé.

La Yougoslavie n'a pas encore atteint l'équilibre démographique et il n'est pas probable qu'elle l'atteindra avant longtemps. Des mesures de la réimplantation de la population rurale pourraient avoir de bons effets en ce sens, mais cet aspect du problème était assez négligé. Immédiatement après la guerre une action de ce type était entreprise dans le cadre de la réforme agraire.

La réforme agraire était l'une des premières mesures du nouveau régime. Les grandes propriétés foncières ont été abolies, la terre abandonnée par la minorité allemande et les autres collaborateurs de l'occupant était confisquée, la terre en excès de 25 ha de la terre arable par une exploitation était nationalisée. Environ la moitié du fond de terre, obtenu ainsi (environ 800.000 ha) a été distribuée aux vétérans de guerre de Monte Negro, Bosnie et Croatie, ainsi qu'aux paysans locaux sans ou avec peu de terre.

Il est difficile d'apprécier l'effet sur la production agricole de ce transfert de la population. Il y avait au début des signes de la baisse de la production sur les exploitations colonisées qui étaient antérieurement bien cultivées, mais la productivité s'est vite relevée. Après la réforme agraire en 1945 on a fait très peu dans le sens de la meilleure dislocation de la population, pourtant, une réimplantation sélective et prudente pourrait, à mon avis, résulter dans la meilleure utilisation de la terre et une productivité agricole plus élevée, ainsi que dans une situation démographique plus équilibrée.

Le maximum de terre en possession privée, fixé en 1945, à 25 ha de terre arable, a été ramené en 1953 à 10 ha. Cette limite était censée de prévenir la décomposition économique et sociale de la campagne, de maintenir la position relative des paysans pauvres. On argumente souvent que ce maximum est un obstacle au développement agricole accéléré, puisque 10 ha ne rendraient pas possible une production agricole moderne que même le cadre de l'exploitation familiale permet. Mais les choses ne sont pas aussi simples. Il est vrai qu'une famille avec ses ressources de travail et avec la technologie agricole moderne pourrait cultiver une ferme bien plus large. Mais avec la technologie maintenant dominante, ça serait assez difficile. Il semble en effet que les fermes entre 5 et 8 ha montrent un équilibre plus fort que les fermes avec plus de 8 ha. Aussi, les familles possédant plus de 8 ha, sont plus inclinées de vendre une partie de leur terre et, en général, ne sont pas moins intéressées de gagner les revenus extra-agricoles. Elles gagnent hors d'agriculture, en termes absolus, plus que les familles qui possèdent 5-8 ha. La proportion de l'autoconsommation n'est pas sensiblement inférieure à celle de la catégorie de 5 à 8 ha, malgré le revenu agricole sensiblement supérieur.

La fixation du maximum de terre à 10 ha n'avait pas de conséquences néfastes pour la production agricole, comme certains prétendaient mais bien au contraire, un effet favorable. Ces dernières années on a vu les tendances de concentration de la production marchande sur les exploitations entre 5 et 8 ha et une diminution de la proportion de la production pour le marché sur les exploitations avec plus de 8 ha. Le revenu agricole par hectare est 50% plus élevé dans les exploitations entre 5 et 8 ha que dans les exploitations de plus de 8 ha. Il y a des indications que l'étendue optimale de l'exploitation pour une famille avec la technique de production donnée, tombe quelque part entre 5 et 8 ha. Si les conditions actuelles persistent, on peut attendre que les exploitations de 5 à 8 ha seront la partie la plus résistante du secteur privé de l'agriculture envers un processus de désagrarisation. La résistance des exploitations plus larges est affaiblie par la scolarisation plus avancée de la jeunesse de ces exploitations, qui quitterait dans une proportion plus large la cultivation des terres.

La fixation du maximum de terre en possession privée était une nécessité économique et sociale. Elle a permis une meilleure utilisation de la main-d'oeuvre des familles paysannes et a contribué sensiblement à la diminution du sous-emploi agricole. Dans les conditions du progrès technique rapide dans l'agriculture il est difficile de défendre en principe, des limites strictes de l'étendue de l'exploitation, mais dans les conditions concrètes en Yougoslavie où la population agricole est très nombreuse par rapport au fond de terre disponible, le maximum de terre était un facteur de l'équilibre social de la campagne, qui est essentiel pour l'accélération du développement économique du pays.

La réforme agraire ne se bornait pas à la répartition de la terre, mais contenait aussi des mesures diverses dans le domaine de coopération et de remembrement de terre, dans la propagation des procédés techniques nouveaux dans l'organisation des services agricoles, etc. En principe, elle est conçue comme une politique permanente, quoique dans certaines périodes elle n'était pas suffisamment effective. Une des mesures importantes dans ce domaine était l'établissement du minimum agro-technique dans l'utilisation de la terre, mais les possibilités offertes par cet instrument n'étaient pas souvent utilisées.

Pour la compréhension de la situation, des problèmes et des perspectives de l'agriculture yougoslave il faut montrer l'importance de l'existence de deux secteurs essentiellement différents de l'agriculture; le secteur privé et le secteur socialiste.

Le secteur privé, qui est en possession de 86% de la terre, est le secteur dominant. En 1965, le secteur socialiste disposait de 1.413.000 ha de terre arable, soit 14%. Mais l'importance du secteur socialiste dépasse largement sa proportion dans la terre arable. Il était créé par la réforme agraire en 1945. Toute la terre obtenue par la nationalisation de la grande propriété foncière n'était pas distribuée, on a créé d'une partie de cette terre les exploitations d'Etat. Ces exploitations devaient servir de noyau pour le processus de la socialisation graduelle et la modernisation de toute la production agricole. Le secteur socialiste, après une certaine stagnation, s'est augmenté constamment ces dix dernières années. De 1956 à 1965 il a augmenté la terre en possession de 81%, la main-d'oeuvre de 85%, et la production totale plus de quatre fois. La productivité du travail s'est accrue par un taux annuel de 10%. Ce taux est considérable et forme une contribution substantielle à la hausse générale du taux de l'accroissement de la productivité du travail dans l'agriculture.

Le secteur socialiste a contribué également à la hausse de la productivité du secteur privé. Les machines agricoles sont surtout concentrées dans le secteur socialiste: en 1965, 89% des tracteurs, presque la totalité des moissonneuses-batteuses, la totalité des camions utilisés en agriculture. Plus d'un million d'hectares de la terre privée était cultivée par la machinerie de la propriété sociale. Un quart de la superficie de la terre privée sous blé, un quart sous le maïs, et plus de 80% sous la betterave sucrière étaient cultivés sous les arrangements de la coopération productive entre le secteur socialiste et le secteur privé. Le secteur socialiste jouait un rôle essentiel dans la diffusion de l'utilisation de l'engrais chimique, des meilleures variétés des plantes et des animaux. Ainsi l'importance du secteur socialiste dépasse considérablement sa contribution directe à la production agricole, son rôle dans la dissémination du progrès technique et les autres améliorations dans le secteur privé étant d'une importance égale.

Le secteur socialiste dans l'agriculture est composé de trois parts institutionnellement différentes: les exploitations socialistes, les coopératives agricoles de travail et les coopératives agricoles générales. S'il faut les définir brièvement on peut dire que les exploitations socialistes sont les entreprises agricoles avec la propriété sociale des moyens de production et l'autogestion ouvrière; les coopératives agricoles de travail sont les organisations avec la propriété coopérative et le travail de ses membres; les coopératives agricoles générales sont les organisations de production agricole, d'approvisionnement des paysans par les produits industriels et de commercialisation des produits agricoles, dirigés par les paysans, membres de la coopérative, mais avec le travail loué.

L'importance de ces trois formes du secteur socialiste n'est nullement égale. Les coopératives agricoles de travail sont seulement le résidu de la politique de collectivisation, entreprise autrefois, leur nombre est insignifiant (16) et elles sont économiquement négligeables. Le nombre des coopératives agricoles générales a diminué sensiblement. Elles sont de plus en plus substituées par les organisations commercialement ordinaires ou bien elles sont intégrées avec les exploitations socialistes. L'importance des exploitations socialistes augmente constamment. Leur nombre diminue ces dernières années, mais c'est la conséquence de leur renforcement productif et organisationnel par l'intégration. La politique agricole, ces derniers temps, a l'accent sur le rôle socialisateur des exploitations socialistes. Ces exploitations s'élargissent en achetant la terre des paysans sur une base commerciale.

La politique agricole depuis la guerre ne suivait pas une ligne droite, et elle n'était pas bien définie non plus. Après une courte période de reconstruction, juste après la guerre, on a inauguré la politique de la collectivisation d'après le modèle soviétique. Mais, peu après, il devint évident que les conditions de la socialisation de la terre n'étaient pas réunies, pour que cette politique pût réussir. La collectivisation de l'agriculture suppose, en effet, le changement radical de la technique de la production agricole. Or, la société ne disposait pas de moyens nécessaires pour la reconstruction de l'agriculture sur une base technique nouvelle: cette politique ne pouvait donc qu'échouer. Elle fut officiellement abandonnée en 1953, sous la pression des conséquences néfastes sur le plan de la production.

Depuis 1953, la politique agraire montrait des oscillations entre la coopération dans la production entre le secteur socialiste et le secteur privé et l'élargissement rapide du secteur socialiste sans une politique déterminée pour le secteur privé. Bien entendu, ces deux politiques ne s'excluent pas mutuellement, mais la différence consistait dans l'accent mis sur l'une ou l'autre. Toutefois, il faut souligner que l'élément stable de cette politique était formé par le souci de: comment socialiser l'agriculture le plus vite possible, d'après la conviction que la politique socialiste doit tendre vers la socialisation de toutes les activités économiques, l'agriculture ne faisant pas l'exception.

La méthode de l'élargissement continu de la terre en possession socialiste et l'établissement d'entreprises agricoles par l'achat de la terre des paysans est une forme de la politique de la socialisation de l'agriculture, mais cette politique doit être censée à longue échéance car il est évident que l'expropriation bénévole de la paysannerie ne soit pas faisable en quelques années. Le secteur social dans l'agriculture s'élargira au fur et à mesure du progrès économique général et surtout des possibilités accrues d'offrir un emploi rentable à tous ceux qui resteront sans terre. Cette politique exigerait des investissements massifs dans l'agriculture, ce qui est actuellement difficilement faisable. Ce qui est encore plus important c'est que dans cette étape du développement économique l'agriculture joue un rôle de réservoir de la population qui ne peut pas être profitablement employée hors de l'agriculture. L'agriculture moderne, intensive en capitaux, ne peut pas jouer ce rôle. La coopération productive entre le secteur socialiste et le secteur privé est une forme bien plus souple. Elle est réglée par des contrats entre les coopératives et les entreprises d'un côté et les paysans de l'autre. L'éventail de la coopération englobe la culture des terres, le crédit agricole, les services vétérinaires et agronomiques, l'approvisionnement en matériel, les semences, les engrais chimiques, etc., de la part du secteur socialiste, tandis que les paysans participent avec la terre, la main-d'oeuvre, les bâtiments agricoles, etc. Cette organisation coopérative est particulièrement répandue dans la production du blé, du maïs, de la betterave sucrière, de bovins et des porcins. Son avantage est la multiplicité des formes, qui rend possible l'utilisation meilleure des capacités productives des exploitations privées et l'emploi meilleur des moyens de production du secteur socialiste.

Le changement dans la structure de la production agricole à cause de l'exode rural se trahit en premier lieu à travers l'expansion du secteur agricole socialiste. Là où le processus de la désagrarisation avance difficilement à cause de la pression démographique, le secteur socialiste n'a pas pris les dimensions significatives. Dans toute la partie centrale et méridionale où la population agricole ne diminue pas malgré l'émigration intense, la structure agraire n'est pas encore sensiblement touchée. C'est seulement dans les régions septentrionales que le secteur social a fait un progrès considérable. Le transfert de la population agricole dans les activités extra-agricoles n'était pas suivi par l'abandon de l'exploitation et la tendance de retenir l'exploitation est encore très forte. Mais, d'autre part, les ménages des vieilles gens et les ménages mixtes sont inclinés à la coopération et ils peuvent trouver ici un intérêt commun avec le secteur socialiste.

Le problème des changements de la structure agricole doit son acuité au sous-développement de l'agriculture, à la productivité insuffisante du travail agricole. Le déficit des produits alimentaires pèse lourdement sur le développement économique général.

Le rendement en blé par hectare en 1963-65 était 19 quintaux, 24,5 q pour le maïs, 309 q pour la betterave sucrière, 84 q pour la pomme de terre. Par le niveau de la production végétable par hectare la Yougoslavie est sensiblement au-dessous de la moyenne européenne. Les indices du développement de la production animale ne sont pas plus favorables non plus. La proportion de la production animale dans la production agricole finale est environ 40%

en comparaison de 60-85% en Europe occidentale. Le nombre de bovins par 100 hectares de la terre agricole est 36, le nombre de porcin 16, le nombre de litres de lait par vache est de 1200. Mais il faut dire que les rendements par hectare s'accroît et que l'augmentation de la production agricole totale est en premier lieu attribuable à cet accroissement.

La productivité du travail dans l'agriculture a montré une hausse considérable pendant les dix dernières années. Il est difficile de dire dans quelle mesure cette hausse peut être attribuée à la nouvelle technologie de production et dans quelle autre mesure à la réduction de la population active. Le secteur privé a perdu de la population et il n'a pas sensiblement changé sa technologie de production, pourtant il a, lui aussi, augmenté la production. Quand on estime l'influence du transfert de la population de l'agriculture vers d'autres activités sur la productivité du travail agricole, il faut le faire avec caution. La supposition que la productivité marginale du travail agricole soit zero et qu'il est possible de transférer une grande partie de la population agricole hors d'agriculture sans danger de la baisse de la production me semble peu réaliste. Il est évident que la réduction du nombre de la population agricole peut résulter dans l'accroissement de la production par l'unité de la main-d'oeuvre, mais cela ne signifie pas nécessairement que la productivité de celui qui a quitté l'agriculture fut zéro. Les données statistiques nous montrent que le revenu agricole par hectare diminue rapidement avec l'élargissement de l'exploitation et que l'accroissement du revenu agricole par personne active malgré le lent progrès technique, peut s'expliquer par l'existence du fond de travail agricole qui n'est pas enregistré dans les statistiques, le fond du travail fourni par la main-d'oeuvre dont l'emploi principal est hors de l'agriculture. Les membres des familles mixtes qui ont un emploi permanent extra-agricole mais qui consacrent également une partie de leurs temps aux travaux agricoles, ne sont pas comptés dans la population active. Le nombre de personnes actives dans l'agriculture ne peut donc pas servir comme une mesure satisfaisante du fond du travail agricole.

Une des conditions essentielles du développement économique et social de la Yougoslavie est sans doute le développement accéléré de l'agriculture et la détermination de son rôle dans l'ensemble de l'économie. Les problèmes du développement agricole sont nombreux et complexes et leur solution est plus urgente que jamais. L'agriculture elle-même produit des problèmes: elle ne couvre pas les besoins alimentaires d'une population croissante, elle ne fournit pas la quantité suffisante de matières premières à l'industrie en expansion, elle ne donne pas un surplus substantiel pour l'exportation, la productivité du travail et les revenus agricoles sont très bas. Mais ces problèmes sont souvent mal interprétés. C'est vrai que la Yougoslavie dans la période entre les deux guerres était l'exportateur de produits agricoles et qu'elle importe maintenant des quantités considérables de blé et de matières grasses, mais on oublie que l'économie entière a changée. Les exportations d'autrefois se faisaient au détriment de la consommation intérieure. Avec l'abolition de la grande propriété foncière, qui a été le secteur exportateur principal, la partie marchande de la production agricole est tombée sensiblement et la consommation intériéure s'est accrue. Aussi un changement de la structure de la consommation s'est produit, et la consommation du maïs était remplacée par la consommation du blé, et, en général, le niveau de la consommation de la population rurale s'est élevé.

Il y avait aussi l'accroissement de la population. Dans la période d'après-guerre elle s'est augmentée de plus de 30%. Cela crée une demande additionnelle des produits alimentaires. Le transfert de la population vers les activités non agricoles a aussi augmenté la demande pour les produits agricoles de qualité supérieure, à cause des revenus plus élevés dans le secteur non agricole. La consommation des touristes étrangers s'accroît. Pourtant, la balance du commerce extérieur des produits agricoles est seulement légèrement négative. Cela ne signifie pas que le déficit des produits agricoles n'était pas réel, mais au contraire que l'ajustement de l'offre et de la demande se faisait par une hausse rapide des prix et une stagnation de la consommation.

La politique appliquée en vue de résoudre le problème du déficit des produits agricoles n'était pas adéquate. Elle était basée sur la supposition que la réponse de la production agricole au niveau général des prix agricoles soit forte, positive et instantanée. Mais il est évident que cette supposition était erronée. La réponse de l'agriculture paysanne au niveau général des prix agricoles est, en effet, très faible, sinon nulle. Pour que l'agriculture paysanne réponde au niveau général des prix, il faut qu'il y ait des conditions économiques et sociales différentes de celles qui existaient réellement. La politique des hauts prix était très coûteuse, mais peu efficace. La hausse des prix des produits agricoles et la réduction substantielle des impôts de ces dernières années n'ont pas résulté dans l'accroissement de la production, mais au contraire à l'accroissement leger de l'auto-consommation. La politique des prix aurait pu être appliquée avec plus de succès pour favoriser certains changements dans la structure de la production agricole, car le paysan est bien plus sensible aux changements des prix relatifs aux produits agricoles différents qu'au niveau général des prix. Mais on n'a pas élaboré une semblable politique sélective.

Les problèmes du développement agricole doivent être considérés dans le cadre de l'ensemble de l'économie. La politique de l'industrialisation extensive qui était suivie pendant toute la période de l'après-guerre, était basée sur la main-d'oeuvre à bon marché ce qui a donné naissance à une industrie dispersée, peu efficace et intensive en travail. Cela signifiait les bas revenus des ouvriers industriels et, en général, de la population urbaine. Cette politique était applicable tant que les prix agricoles étaient bas, mais quand les prix agricoles s'élèvent, et ils se sont levés rapidement par rapport aux prix des produits industriels, cette politique cesse d'être praticable. La main-d'oeuvre devient aussi coûteuse et on doit économiser dans son emploi. Cela mène à la politique d'industrialisation intensive, vers l'emploi plus large des capitaux; le déficit croissant de la balance du commerce extérieur montrait clairement les faiblesses de la politique antérieure et la nécessité du changement de la politique économique. En 1965, on a entrepris la réforme de la politique économique et elle est actuellement en cours.

Il est évident que les exportations agricoles ne peuvent pas combler le déficit du commerce extérieur quels que soient les efforts en ce sens. La seule issue est dans la reconstitution et la modernisation de l'industrie et le développement de ces secteurs de l'économie où nous avons des avantages comparatifs. Cela présuppose nécessairement l'utilisation de la technique moderne coûteuse. Le taux de l'emploi nouveau dans la période à venir doit donc baisser et, en réalité, il a déjà baissé. Les dimensions de l'exode rural doivent être réduites.

La politique agraire dans la période suivante doit consister dans les efforts de retenir la population agricole dans l'agriculture tant que nous ne sommes pas en possibilité de lui offrir l'emploi extra-agricole rentable. Il serait probablement difficile de stopper entièrement l'exode rural, mais il faut au moins le décourager. Sinon, nous aurons de graves problèmes avec la migration de la population que nous ne pourrions pas contrôler et laquelle donnerait lieu à une pression lourde sur les emplois industriels. La Yougoslavie a déjà une expérience désagréable en ce qui concerne l'émigration de la population vers d'autres pays. L'émigration prend non seulement la population rurale, mais aussi la population la plus productive des centres industriels les plus développés. La retention de bas revenus dans l'industrie qui pousse la population à la recherche d'un emploi en d'autres pays représente un danger grave pour le progrès économique du pays.

La politique agraire, dans le sens positif, doit être définie comme une recherche d'une meilleure utilisation des capacités productives dans l'agriculture sans entrer, pour autant, dans les investissements massifs et sans hâte de l'élargissement du secteur socialiste. La politique actuelle est principalement préoccupée par le secteur socialiste. Mais la politique agraire, à mon avis, doit être dualiste, car les mêmes critères ne sont pas également applicables à ces deux secteurs. Bien entendu, cela n'exclut pas la coopération entre ces deux secteurs, au contraire, cette coopération doit être le point pivotal de cette politique.

Le potentiel productif du secteur privé n'est pas complètement utilisé. Le bas rendement par hectare est certainement le signe de son développement retardé, mais cela signifie, d'autre part, qu'il offre des possibilités énormes du développement et que l'accroissement de production peut être facilement obtenu. Les améliorations agrotechniques et zootechniques qui n'exigent pas de grands capitaux, mais qui donnent des résultats sûrs et directs peuvent être introduites. Je pense ici à des meilleures variétés de plantes, à des meilleures sortes d' animaux, à l'utilisation plus large de l'engrais chimique, à des meilleures méthodes de l'élevage, à la diversification de la production agricole, etc. L'avantage de cette direction est, entre autres, que les coûts pour la recherche scientifique et le temps de dissémination de ces améliorations peuvent être sensiblement réduits. La politique agricole jusqu'à maintenant était surtout concentrée autour des produits agricoles de base, en premier lieu, les céréales et dans une moindre mesure les bovins et les porcins. Mais les possibilités de la production des fruits, des légumes, des vins, des produits méditerranéens, etc., étaient assez négligées. Les possibilités dans la production animale ne sont pas suffisamment utilisées non plus.

La mécanisation de l'agriculture privée serait plus difficile. Le paysan serait très hésitant d'adopter la mécanisation agricole, puisque dans les conditions de la structure actuelle, cela résulterait dans l'investissement excessif et causerait certainement une réduction du revenu des familles agricoles. La mécanisation des travaux agricoles serait, pourtant, économiquement très importante, à cause de la réduction du nombre de bétail de trait, qui pèse lourdement sur la production agricole, surtout sur la production marchande des produits agricoles. Ce problème peut être résolu d'ailleurs, par la coopération avec le secteur socialiste, qui peut leur fournir ces services.

La politique agricole doit, en outre, inclure des mesures d'amélioration des services agronomiques et vétérinaires, l'éducation agricole de la population rurale, les travaux publics locaux dans la construction des routes, les travaux d'électrification, l'établissement d'un système plus adéquat de la commercialisation des produits agricoles.

Si l'on veut retenir la population agricole en agriculture, des efforts doivent être déployés pour développer une agriculture intensive en travail, qui puisse assurer un certain niveau de revenu aux familles paysannes. L'intégration de la campagne dans le circuit de la production sociale à une base d'égalité est conditionnée par l'égalisation du mode de vie des villes et des campagnes. Les conditions matérielles ne sont pas les seules qui comptent. La vie dans les villes a des avantages qu'on ne peut pas exprimer en monnaie.

La population paysanne, surtout la jeunesse, ne supporte plus l'isolement abrutissant de la vie paysanne, elle aspire à participer plus activement à la vie sociale. L'exode rural n'est pas toujours motivé par des raisons économiques mais aussi sociologiques et psychologiques. S'il faut cependant retenir la jeunesse dans la campagne, ce qui est une nécessité économique et sociale, il faudra créer des conditions de vie qui seraient acceptables pour la nouvelle génération. La tâche importante de la politique agricole devrait être la création dans la campagne d'institutions de la civilisation urbaine, par exemple: des écoles, des cinémas, des postes, des foyers de culture et de sport, des bibliothèques, des stations sanitaires, des stations agro-techniques, etc., une meilleure organisation de l'assurance médicale et sociale, des transports et des moyens de communication ainsi que des institutions de la vie politique.

LA LITTERATURE

Bakarić V., *O poljoprivredi i problemima sela* (Kultura, Beograd 1960).

Baletić Z., "Poljoprivreda u privredi", *Naše teme* 12 (1964).

Baletić Z., "Le paysan dans la societe yougoslave", *Developpement et civilisations* 21 (1965).

Klauzer I., "Struktura poljoprivrednih i mješovitih gospodarstava", *Sociologija sela* 1/1963).

Klauzer I., "Viškovi radne snage u poljoprivredi Jugoslavije", *Sociologija sela* 7-8 (1965).

Livida S., "Mješovita gospodarstva u Jugoslaviji", *Sociologija sela* 7-8 (1965).

Macura M., "Politika zaposlenosti i proporcije radne snage", *Ekonomist* 3-4 (1963).

Marković P., *Strukturne promene na selu kao rezultat ekonomskog razvitka* (Zadružna knjiga, Beograd 1963).

Marković P., "Migracije poljoprivrednog stanovništva u Jugoslaviji" (Agrarhi institut, Zagreb, 1964).

Milanović P., "Formiranje i raspodela dchotka seljackih domaćinstava" (Zadružna knjiga, Beograd, 1966).

Stipetić V., "Konkretizacija i realizacija programski prihvacenih dokumenata u našoj politici u poljoprivredi", *Ekonomski pregled* 1 (1966).

Vogelnik D., "Urbanizacija kao odraz privrednog razvoja Jugoslavije" (Ekonomska biblioteka, Beograd, 1961).

Vukčević D., *Zemljišni odnosi i kooperacija* (Institut društvenih nauka, Beograd, 1964).

Wertheimer A., "Neki indikatori promjena u ekonosmko-socijalnoj strukturi

stanovništva na području grada Zagreba", *Ekonomski pregled* 2-3 (1965).
—, *Demokgrafska kretanja i projekcije u Jugoslaviji* (Institut društvenih nauka, Beograd, 1964).
—, *Uzroci i karakteristike privrednih kretanja u 1961 i 1962 godini* (Beograd 1963).

Les articles qui paraissent regulierement dans les revues Ekonomika poljoprivrede, Beograd, et Sociologija sela, Zagreb, et les autres.

Les publications statistiques, les Annuaires Statistiques les Bulletins Statistiques et les autres.

TABLEAU 1

Le revenu agricole dans le revenu national de Yougoslavie
(en mlds anc. din.)

Année	Le revenu national en prix de 1960	Le revenu national en prix courrants	Le revenu agricole en prix 1960	Le revenu agricole en prix courrants	3:1	4:2
	1	2	3	4	5	6
1954	1568	1162	456	309	29,1	26,6
1955	1786	1398	564	421	31,6	30,1
1956	1714	1444	454	421	26,5	29.1
1957	2104	1829	654	604	31,1	33,0
1958	2168	1834	577	514	26,6	28,0
1959	2525	2269	757	658	30,0	29,0
1960	2683	2685	671	671	25,0	25,0
1961	2831	3110	658	791	23,2	25,4
1962	2950	3470	661	929	22,4	26,8
1963	3310	4199	705	1121	21,3	26,4
1964	3739	5588	757	1474	20,0	26,4

Source: Les Annuaires Statistiques RSFY

TABLEAU 2

Les indices généraux du développement de l'agriculture en Yougoslavie

L'année	La population agricole		La terre cultivée en milliers ha			L'indice de production 1955=100			% de la production marchande		Nombre de tracteurs	L'indice de prix producteur	Exportations produits agricoles	Importations agricoles
	en milliers	% du total	Total	Le secteur social.	Le secteur privé	Total	Le secteur social.	Le secteur privé	Le secteur social.	Le secteur privé			en milliards anciens din.	
1954	10316	60	9980	921	9060	81	98	79	—	—	—	100	17	20
1955	—	—	10100	824	9300	100	100	100	—	—	—	111	19	38
1956	—	—	10200	777	9420	83	84	83	—	—	12024	116	26	46
1957	—	—	10200	827	9380	120	145	119	24	76	20500	127	29	45
1958	—	—	10200	851	9390	105	159	102	—	—	26500	122	37	34
1959	—	—	10200	912	9340	139	249	132	32	68	31700	123	31	40
1960	—	—	10300	1030	9230	125	250	117	34	66	35748	134	39	23
1961	9370	50	10300	1160	9170	121	252	113	36	64	38045	152	39	38
1962	—	—	10300	1180	9130	125	308	114	40	60	40367	179	39	39
1963	—	—	10300	1280	9010	138	356	124	40	60	43264	197	50	63
1964	—	—	10264	1346	8918	145	411	129	31	59	45364	244	52	54
1965	—	—	10300	1413	8840	132	411	115	44	56	45420	348	57	61

Source: SG SFRJ-1966

TABLEAU 3

Le revenu des ménages agricoles en 1964
(En milliers d'anciens dinars)

	Global	De l'exploitation			Hors d'agriculture
		global	en monnaie	l'auto-consommation	
Moyen	854,4	607,8	273,8	334,0	246,6
A 2 ha	626,1	322,2	110,0	222,2	293,9
2-3 ha	710,0	466,0	195,4	270,6	244,0
3-5 ha	837,8	603,4	269,9	333,5	234,4
5-8 ha	1019,7	804,2	394,5	409,7	215,5
Plus de 8 ha	1218,7	981,0	486,1	494,9	237,7
La structure					
Moyen	100,0	71,1	45,0	55,0	28,9
A 2 ha	100,0	51,1	34,1	65,9	48,9
2-3 ha	100,0	65,6	43,8	56,2	34,4
3-5 ha	100,0	72,0	44,7	55,3	28,0
5-8 ha	100,0	78,9	49,1	50,9	21,1
Plus de 8 ha	100,0	80,5	49,5	50,5	19,5

Source SB-387

TABLEAU 4

Le revenu des ménages agricoles d'après l'étendue de l'exploitation
(en milliers an. din)

	Le revenu agricole	L'étendue de l'exploitation /ha/	Le nombre de personnes actives	Le revenu agricole par hectare			Les investissements par hectare	Le revenu agricole par personne active
				Total	De la production végétale	De la production animale		
La moyenne	607,8	4,7	1,85	71,3	26,7	42,3	19,4	328,0
A 2 ha	332,2	1,4	1,25	105,3	45,2	56,4	32,4	266,2
2-3 ha	466,0	2,6	1,57	92,0	38,1	50,8	29,7	298,0
3-5 ha	603,4	4,0	1,85	81,7	29,0	50,0	26,9	326,2
5-8 ha	804,2	6,4	2,23	74,7	29,3	41,5	17,0	360,6
Plus de 8 ha	981,0	11,7	2,43	50,1	16,1	32,4	13,4	403,7

Source: SB 387.

8

MUBECCEL BELIK KIRAY

RESTRUCTURING OF AGRICULTURAL ENTERPRISES AFFECTED BY EMIGRATION IN TURKEY

The equilibrium between land resources, technology, settlement form and population is as wellknown as the sensitiveness to change in any one of its elements. The changes taking place in the socio-economic structure and population characteristics of Turkey today are disturbing this equilibrium. As a result, further changes and movements (some planned, some controlled, others not even expected) are taking place. Among them, the rate of population increase and changes in the agricultural structure stand out in relation to migration and development. Very little control or planning has taken place to regulate and organize migratory flows.

TABLE 1

*Population of Turkey (1927-65)**

Years	Population (in millions)	Increase rate %
1927	13,648	21.3
1935	16,158	19.8
1940	17,821	10.6
1945	18,790	22.0
1950	20,947	28.1
1955	24,065	29.5
1960	27,755	24.9
1965	31,391	

* Except when stated otherwise, all figures in Tables and text are summarised from Official Publications and Annual Bulletins of the State Statistical Institute.

1. POPULATION PROBLEMS OF TURKEY

The most conspicuous characteristic of Turkey's population is its rate of increase, which is one of the highest in the world (29‰). From 13,648,000 in 1927, the population has increased to 31,391,207 in 1965 (Table 1).

The population has thus doubled within the last forty years. With decreasing death rates and high birth rates, this is a rather classic phenomenon which enlarges the volume of manpower, as shown clearly in Table 2. As in any underdeveloped country with a population explosion, Turkey has a large group of manpower which cannot be assimilated by the productive capacity of the country. This mass of labour remains in rural areas, seemingly working in agricultural production and thus artificially enlarging employment figures in this sector.

TABLE 2

Manpower in Turkey (1927-60)

Years	Population (million)	Manpower (million)
1927	13,648	4,877
1935	16,158	6,972
1940	17,821	7,875
1945	18,790	8,123
1950	20,947	10,724
1955	24,065	12,040
1960	27,755	12,993

Disguised unemployment, which usually appears to observers as laziness on the part of the villagers, after reaching a saturation point, turns into open unemployment which gives rise to mass migration. Diverse figures and estimates are given about the size of disguised unemployment in Turkey. According to the State Planning Organization, it fluctuated in 1960 between a minimum of 800,000 in July of that year and 8.3 million in January. Whatever the exact figure, the fact remains that it is dramatically large and results in seasonal or permanent migration from rural areas. No satisfactory statistical information exists on such migration, but the extent might be indirectly shown by the changing rural-urban population ratio (Table 3).

TABLE 3

Rural and Urban Population of Turkey (1927-60)

Years	Urban population	% of general population	Rural population	% of general population
1927	2,236,085	16.4	11,412,185	83.6
1935	2,684,197	16.6	13,473,821	83.4
1940	3,214,471	18.0	14,606,479	82.0
1945	3,441,895	18.3	15,348,279	81.7
1950	3,883,865	18.5	17,063,323	81.5
1955	5,328,846	22.1	18,735,917	77.9
1960	6,999,026	25.2	20,755,794	74.8

The great rush to the urban centres which took place after 1950, corresponding to the date when important structural changes started to be introduced in agriculture, clearly shows the surplus agricultural labour. According to the survey conducted by the Employment Bureau of the Ministry of Labour in 1957, villagers looking for jobs outside their villages numbered 7,400,000.[1] Another survey undertaken by the International Labour Office showed that 24% of the Turkish villagers are ready to leave their homes in order to find jobs elsewhere.[2] Immigrants who are not absorbed in the scarce non-agricultural jobs constitute open unemployment in the cities, thus exposing the great disequilibrium between labour supply and demand in the country.

The interesting fact is that agricultural development, such as mechanization and growth of intensive agriculture, increases the number of people freed from agricultural labour. Thus, structural

[1] *Monthly Bulletin* (Employment Bureau of Ministry of Labour), No. 5-1957.

[2] Cited in Icen Börtücene *Uluslararasi Isgücü Hareketleri ve Türkiye* (State Planning Organization, Ankara, 1966, mimeographed) p. 40.

changes in agriculture and the population explosion give the same results in creating surplus labour. The lack of parallel developments in urban and industrial investments pushes the problem of rural unemployment into acute disguised or open unemployment.

It is quite clear that migration from rural areas does *not* cause any specific "human erosion" or other problems in terms of scarcity of human resources since the villages have a large labour surplus. Thus, Turkey's problem is not the rehabilitation of areas affected by migration but rather the creation of employment chances for the migrants around or outside their home villages.

Before discussing the policies and actions planned by the State Planning Organization to mitigate the country's unemployment and migration problems, we should briefly examine the interaction between the development of agriculture and the population surplus resulting in migration.

2. MECHANIZATION OF AGRICULTURE

Among the factors changing the agricultural structure, new technology, such as tractors, combined harvesters and similar machinery should first be mentioned. Their introduction into Turkey's rural areas has been rather sudden and fast and their results rather deep. Apart from a short period in 1936-38, no special effort had been made to mechanize agriculture. Later, in 1947, the fourth point of the Truman Doctrine and the Marshall Plan aid resulted in the mass importation of tractors in a very short time (Table 4). The number of tractors increased from 1,750 in 1948 to 44,144 in 1957 and combined harvesters from 994 to 6,592 in the same period. The immediate effect of the introduction of machinery has been to displace manpower and to change the status of sharecroppers and tenants into agricultural labourers.

Estimates of the change vary between 4 to 9 workers or sharecroppers per tractor. Between 200,000 and 400,000 workers therefore had to find other means of living. Although according to some observers the migration caused by the introduction of machinery is

TABLE 4

Agricultural Machinery

Years	Number of Tractors	Number of Combined Harvesters
1936	961	104
1940	1,066	57
1948	1,750	994
1949	9,170	—
1950	16,585	—
1951	24,000	—
1952	31,415	3,222
1953	35,670	4,458
1954	37,743	4,706

not very significant in Turkey,[3] available evidence indicates that it was the most important factor in starting the first population movements in the country.[4] When the rate of population increase reached the high point it has today, surplus population from poorer districts became more important than the mechanization of agriculture, which thus was no longer the only factor encouraging migration.

3. AGRICULTURAL CREDITS

Another important factor for the fast structural change in agricultural population has been the generous credits given on a large scale by the government to medium and large-scale farmers during the period when machinery was introduced on a large scale. The main credit institutions in Turkey are the Agricultural Bank and the credit cooperatives which are supported by the Agricultural Bank. The rules and regulations of their credits are similar to those of similar institutions in other parts of the world. As shown in Table 5, agricultural credits increased gradually up to 1948, then in 1949

[3] Kazgan Gülten, "Sehirlere Akin ve Iktisadi Degisme", *Iktisat Fakültesi Dergesi* 19: 1-4, pp. 375-94.

[4] Yahya Kanbolat, "Türkiye Ziraatinda Bünye Degisikligi" (*Türk Iktisadi Gelismesi Arastirma Projesi* No. 17, Mimeographed) (Ankara 1963).

their volume rose sharply, similarly to agricultural machinery; this increase continued up to 1960, being particularly obvious between 1951 and 1957.

TABLE 5

Agricultural Credits

Years	Credit Thousand TL.
1940	50,165
1945	112,704
1946	175,549
1947	242,672
1948	235,771
1949	334,266
1950	412,197
1951	646,506
1952	1,067,665
1953	1,212,842
1954	1,497,157
1955	1,554,339
1956	1,887,795

Studies made by the School of Agriculture of Ankara University show that the share of credit given to the small peasant family is extremely small.[5] However, medium and large-scale farmers benefited greatly from the generous credits given after 1949 by the Agricultural Bank and the credit cooperatives which enabled them to drop the old farming methods and adopt new forms. This sudden change brought important economic and social consequences to the country.

In spite of the easy credits and modern machinery and the fast change in production methods, no significant capital formation has been achieved by the medium and large-scale farmers. Whatever surplus wealth was produced was either consumed conspicuously or invested in urban real estate. At its best it was used for import trade transactions, which are a worse drain on the capital formation possibilities of a country than even conspicuous consumption.

[5] Siyasal Bilgiler Fakültesi, *Türkiye'de Zirai Makinalasma* (Ankara, 1954).

4. INCREASE IN FARMING LAND

The progress achieved in the mechanization of agriculture rapidly increased the land farmed in Turkey. 95% of the land of medium and large farms was suddenly opened up for mechanized farming. Stony parts not suitable for machinery were given over to share-cropping. Thus, the medium and large-scale farmers farmed their total area, either by the use of machinery or in a mixed way with share-cropping. Some even rented land to bring their farms to the optimum size for efficient use of machinery; others annexed the government grazing land adjoining their farms. Share-croppers who were thrown off their land either destroyed or farmed government grazing land. Thus, parallel to agricultural mechanization, farmland increased from 13,900,000 hectare in 1948 to 23,227,000 hectare in 1960 (Table 6).

TABLE 6

Year	Farmed Area Thousand Hectare
1928	6,628
1937	11,538
1948	13,900
1950	14,542
1952	17,361
1954	19,616
1956	22,453
1958	22,765
1960	23,227

During this period, and with the aid of the technology then available, Turkey expanded her farming land to the maximum possible limits.

Attempts to plow grazing land, particularly on the Central Plateau, added to the agricultural problems that of increased wind erosion. Although this wind erosion is being fought successfully, several villages in the area are deserted. In spite of the increase in farmland, the labour requirement remained the same since new land was opened up and worked with machinery. The increase in production achieved by using new technology and bringing larger areas under cultivation, did not much benefit the surplus labour in rural areas because of the unchanged distributive mechanism.

5. INCREASE OF INTENSIVE AGRICULTURE

The rising demands of the growing urban population and the growth of light industry based on agricultural raw materials have caused a conspicuous trend toward intensive agriculture. Unlike animal husbandry which is still in its primitive state, the cultivation of such industrial raw materials as tobacco, potatoes, sugar beet, cotton, flax, sunflowers, tea as well as fruits and vegetables has improved considerably, leading to increased production.

The area of land on which industrial crops are cultivated increased from 1,038,438 hectare in 1950 to 1,573,914 hectare in 1960. The same trend is seen in fruit cultivation. For instance, the increase in the number of various fruit trees in the same period was as follows:

Peaches, apples, pears and plums, from 40,509 to 62,604;
Citrus fruits from 5,117 to 8,193;
Olives from 29,742 to 54,845.

The area of vineyards increased during the same period, from 561,119 to 781,870 hectare.

6. EXTENSION WORK AND PRICE POLICIES

The Ministry of Agriculture has today a large system of extension services which includes research centres, model farms, demonstration division and local technical advice centres. Still its functioning is far from satisfactory because of many inefficiencies and lack of contact with larger groups of peasants. In spite of this it may be said that it has been influential in the increase of intensive agriculture.

A more important factor in this increase, however, has been the government price policy. Government subsidy in industrial plant prices played an important role in bringing about the increase in the area of farmland allocated to such products. The guarantee of minimum prices offered by the government as well as its policy of mass purchases of surplus produce encouraged even the very small landowners to switch over to certain cashcrops as they became economically profitable. The high subsidy given to growers of cotton and tobacco encouraged them to grow these crops on land which was not really suitable for their cultivation. The monoculture of cotton and tobacco has resulted in a problem of how to preserve the quality of the soil. Unfortunately, the price policy makes control almost impossible.

7. CONCENTRATION OF LANDOWNERSHIP

The socio-economic consequences of mechanization and intensive agriculture have been very significant, particularly in landownership patterns. Table 7 shows the change in average farm size during the period of rapid mechanization. This concentration has been achieved in different ways. The first is the liquidation of the practice of share-cropping. This has resulted in turning sharecroppers into agricultural labourers employed by large landowners for the as-yet-unmechanized aspects of cash cropping. Estimates give the numbers of such agricultural workers at around 1½ million. The second way to achieve land concentration is to buy

TABLE 7

Average Size of Farms (in dönüm)

Year	Average Size	Index of Change
1948	848	100
1949	875	103
1950	944	111
1951	1011	119
1952	1113	131

Source: Political Science Faculty, *Agricultural Mechanization in Turkey* (Ankara, 1954), p. 96.

the land of small farmers who fail to adjust to new conditions. In certain parts of the country, during a period of 20 years, 25% of the farmers lost their land to others, thus becoming part of the surplus population.[6] A third and rather widespread method of enlarging farmland is by annexing government land and occupying government-owned pastures. The size of the pastures has diminished in recent years together with the number of sheep and cattle, thus resulting in a serious decline in the livestock products of the country. Between 1948 and 1958 grazing land decreased by 9,196,000 hectare. Medium and large landowners have been basically responsible for the destruction of pastures, although some of the landless peasants and former share-croppers also try to eke out a living by intruding into the pastures.

Forests present similar problems. Although most forest land is owned and controlled by the state which operates strict laws and regulations to keep forests from destruction, people still intrude for grazing and cultivation.

In view of all these new developments, agrarian legislation seems particularly inadequate with regard to landownership and land use. There is no written law to govern farm tenancy and share-cropping. Proper cadastral records or title registrations do not exist. The great majority of farms either have no title deed registration, or have very old title deeds which have been passed on from the forefathers and no longer correspond to present conditions. The majority of land transfers and sales are made by means of informal written or oral contracts. At this stage there is a confused and imperfect landownership and tenure system that causes turmoil in many places. Disputes over land constitute the largest number of court cases in rural areas. This state seems to be a basic factor retarding progress in many villages.

It seems that land reform as a basic regulator is a must for further balanced socio-economic change, but the socio-political structure of the country does not allow such a change.

[6] M. B. Kiray & J. Hinderink, "Interdependencies between Agroeconomic Development and Social Change in Çukurova, Turkey", *The Journal of Development Studies* IV: 4 (1968).
Paul Sterling, *Anatolian Village* (Oxford University Press, London 1964).

In spite of many agricultural programmes and policies with respect to credits, prices, training and extension services, forest preservation laws and their application, erosion control and many others, rural development has not advanced much. The most important reason seems to be the failure to accomplish major reforms such as land and tax reforms which would stop polarization of the rural population in terms of social stratification. This would also increase the chances of control and the proper application of policies without interference by power-holding circles with vested interests. Under existing conditions, changes in rural areas further add to the basic problems of population increase and insufficient production. The changing nature of agricultural methods and the population explosion, two aspects of rural society in Turkey discussed so far, result in general population increase and surplus labour. This surplus labour moves seasonally between the rural and urban areas.

The first five-year plan drawn up in 1962 had in it certain policies to bring this rather complicated situation under control. These policies could be summarized as follows:

(a) To give priority to labour-intensive investments;
(b) To encourage non-agricultural rural investments in order to keep the population in the villages;
(c) To advocate reduction of the high birth rate in order to obtain a more balanced population;
(d) To send surplus labour to West European countries with shortages of manpower.[7]

Although one may discuss the feasibility of each of these policies, the last is of particular interest, not because the number of workers sent to Western Europe has been large enough to solve the problem of surplus manpower; rather, the resultant project has evolved into interesting rural investments and developments.

During the first couple of years of this project, in spite of the

[7] State Planning Organization, *The First Five Year Development Plan* (Ankara, 1962), pp. 451-55.

fact that their number was small, those who went abroad to work gained money and experience which became new and significant factors in the national process of social change. At the end of the third year of the organized migration to Western Europe, several different projects came into being, all of which tried to channel the savings of emigrant workers into profitable investments. One of these encouraged participation in State mining and industrial enterprises; a second organized a joint stock company of different industrial investments. Others tried to accumulate the savings in different banks of Turkey, to encourage the building of houses or the establishment of small-scale industries and handicrafts by giving credit on preferential terms. The last of such projects was planned investment in enterprises in rural areas. This combined rural development needs with the possibilities created by migration. The rest of this paper will be a discussion of this rather new experiment in rural Turkey in relation to migration.

8. COOPERATIVE PROJECT ESTABLISHED AS A RESULT OF PRIORITY GIVEN TO RURAL EMIGRANTS

Three-quarters of the emigrants to Western Europe have been peasants. If not all, the great majority will return after 2 to 5 years and almost invariably re-settle in their home villages. A more important aspect is the fact that their earnings when away are much more than the average earnings in the country. As their number has gone up to several hundred thousand, the use to which this income will be put becomes a rather critical problem to the country as well as to the individual worker.[8]

The first reaction to this situation came from the Ministry of Village Affairs. Through its initiative and role as coordinator, an interministerial committee has been formed and has engaged itself in preparing a project. The aims of this project are (a) to make the

[8] Nermin Abadan, *Bati Almanya'daki Iscilerimiz ve Scrunlari* (State Planning Organization Ankara 1964).

Orhan Tuna, Nusret Ekin, *Türkiye'den F. Almanya'ya Isgücü akimi ve meseleleri*, Volumes I and II (Iktisat Fakültesi Yayimlari No. 143-194).

workers in foreign countries send their savings home in the form of cash and (b) to invest these by means of cooperatives in profitable rural-oriented enterprises. According to this project, at least 20 workers from each cooperative will have priority in going to Western Europe, each of whom will guarantee to send home, two months after arrival in the country of employment, a minimum of TL. 5,000 or a maximum of TL. 15,000 out of his savings in equal instalments as his contribution to the capital of the cooperative. Should this project work efficiently it will mean that a yearly contribution of TL. 100,000 will be added to the capital of the cooperative by the 20 members in Europe. In addition to this main source, credits will be provided by the Agricultural Bank of Turkey which will help to increase the investment possibilities of the cooperative. According to the new regulations of the Agricultural Bank concerning the deposits of workers abroad and the cooperatives they establish, after a given amount is accumulated, credit at 7 to 3% interest for ten years may be granted. To give priority to such enterprises the bank reserves special funds to meet their demands.

This project was put into operation in 1965 on an experimental basis with a group of pilot cooperatives in different parts of the country. The interministerial committee first secured an allocation of 1900 emigrants to Western Europe through the Employment Bureau of the Ministry of Labour and divided the number among these cooperatives. The minimum number for each cooperative was fixed at twenty. This number has always been exceeded, ranging between 40 and 253, and gives a total of 1865 workers. During the first year only 500 members could be sent abroad. In 1966 the process continued and by the end of that year 1400 members of the twelve cooperatives had been sent. More important perhaps is the fact that the money they have sent back has already exceeded the TL. 1,500,000 target.

The picture presented by the cooperatives is rather diversified. The type of investment in each of them is in accord with the type of agricultural activity and the immediate needs of the environment. The results of these investments have already begun to appear. One of the pilot cooperatives — Amasya-Ballica Producers and Consumers Cooperative — has opened a large general store which serves not only the village of Ballica but also several other villages around. Since, in the peculiar development conditions in Turkey intermediary men in towns who serve as the main retailers almost always tend to be usurers and since villagers have to purchase on credit, consumers cooperatives meet the strongly felt needs of many villages. Furthermore, the integration of villages into settlement patterns in many parts of Turkey puts one of the villages into a central position from which it may later develop into a town. Thus, if well chosen, a general store in a village may really become a centre for several villages.

TABLE 8

Pilot Cooperatives and Their Membership

Place and name of Cooperative	Number of members given priority to emigrate	Number of members already abroad	Amount of money sent by members abroad
Amasya-Ballica	153	109	75,000.00
Ankara-Çayirhan	255	255	149,161.83
Bursa-Hayriye	159	109	164,250.85
Denizli-Nikfer	256	189	332,160.68
Izmir-Bagdemler	70	42	10,979.87
Kayseri-Akkisla	223	167	127,372.39
Kayseri-Tarcan	128	69	176,000.00
Konya-Çakillar	41	30	50,796.86
Konya-B. Dede	57	39	26,228.53
Malatya-Fethiye	156	133	321,353.93
Yozgat-Yenifakili	197	143	134,334.05

In addition to Ballica, Konya-Çakillar, Büyük Dede and Yozgat-Yenifakili cooperatives under similar conditions, have established general stores.

Ankara Nallihan-Çayirhan Consumers and Soil and Water Products Sale Cooperative has bought a small truck and a combined harvester, built a warehouse and a granary. The combined harvester which is used only for harvesting the cereal crops of the members has earned a net income of TL.40,000. The members have also renewed their fishing nets and equipment. Since they are now able to transport the catch faster to the market, they can sell the fish at between TL. 1.00 to 1.25 per kilogram instead of the previous price of TL. 0.45.

Bursa-Inegöl Hayriye, a fruit and vegetable raising village, has become a partner in a frigorific warehouse with some other villages around.

Denizli-Dutluca Soil and Water Products Cooperative, the richest at the moment, has built a system of water reservoirs and irrigation canals, all with money sent by members working abroad.

Members of Izmir Urla, the village of Bagdemler, have started a modern chicken farm and are saving money to buy land for the village.

Kayseri Akkisla and Tarcan cooperatives together have succeeded in putting up and have started to manage a milk pasteurization factory. A second factory, a 30,000 kg milk and fruit juice pasteurization factory, will soon be completed when the largest part of the machinery is imported and installed. The same cooperative has opened four retail stores in the city where milk, yoghurt, butter, eggs, chicken and honey are sold.

The last of the cooperative examples, Malatya-Fethiye Village Cooperative, also bought a combined harvester. It has also started a gasoline service station at the entrance to the village with great success.

By the spring of 1966 this project, known as priority given to cooperative farming villagers to go abroad, had become very popular. The encouraging results of the pilot cooperatives led the authorities to back the mushroom growth of cooperatives all over the country. Of course, it has to be admitted that the most attractive aspect for the great majority of members was not the rural industries and future development, but the idea of going to Germany, Holland or any other European country as quickly as possible. By then, applications to the employment offices to go abroad had reached 60,000, but only 2000 per month on the average could be sent and there was no easing in the employment situation of the country. Within a short time the number of cooperatives wishing to join the project reached 1000. For the 1966 programme, however, the interministerial committee, as a precautionary measure, decided to decentralize control of the project and formed sub-committees in the provinces. Chaired by the governors and formed by Ministry of Village Affairs personnel, their duty was to screen and decide on the feasibility of cooperative investment projects. After their screening 300 new cooperatives have been accepted into the project. The Ministry of Labour allocated 7000 jobs abroad for these 300 cooperatives, distributed among them according to certain social and economic criteria, and adhering to the figure of 20 members per cooperative as the minimum to be sent abroad each year. The villagers started to be sent abroad in June and by the end of the year only about 600 had gone. As they are expected to start to contribute their savings two months after they begin to work, not much money has yet been deposited in the Agricultural Bank.

Cooperative investment projects could be summarized under seven fields of general agricultural industry:

1. Vegetable and fruit canning factories;
2. Potato starch and meal factories;
3. Wineries;
4. Different types of granary and warehouses with frigorific installations;
5. Sorting and packing places;
6. Hothouses for citrus fruit maturation; and
7. Dairies for different milk products.

Some of these projects are large investments, organizing and processing the products of a relatively large region. But most of them are limited enterprises and follow the advice of experts from the Ministry of Village Affairs.

The Ministry of Village Affairs, as a sign of further encouragement in addition to credits given by the Agricultural Bank, plans to participate up to 40% in such enterprises as small irrigation projects undertaken by the cooperatives.

If the total savings of the members, credits and finances from other sources would be successfully invested as planned in various projects by the end of 1972 — the end of the second national plan period of Turkey —, a minimum of two billion Turkish lira-worth of investments will have been undertaken in agriculture by the various cooperatives. In Turkey where the annual per capital rural income is TL. 1200 and the national one is TL. 2400 (which implies extremely difficult conditions for savings and investment in rural areas), the realization of the above figure will be a tremendous achievement. The Ministry of Village Affairs plans to assess the individual projects after the exact amounts of savings and credits have become known. For this purpose it has set up a Bureau of Cooperatives comprising 34 experts and 110 personnel to investigate the possibilities of the areas where cooperatives have been or are being established and to re-arrange the investment projects.

In order to provide the necessary knowhow for the cooperatives in the project, the Bureau of Cooperatives in the Ministry of Village Affairs has organized a programme which aims at training experts, starting from the centre and extending its activities to the provinces and districts. In June 1966 a one-month intensive orientation course was organized in Ankara. Those trained were later sent to different parts of the country to help train the committee members at provincial levels. The last stage in this training programme was the training of executive bodies of the cooperatives by members of committees in the provinces. This aspect of the training programme is still in its initial stages.

In addition to this movement, under a cultural agreement signed between Turkey and Germany, every year thirty Turks from various cooperatives are to be sent to Germany for six months to be trained in German Raiffeisen cooperatives. An additional four months is reserved for language courses. This agreement was for 10 years and started at the beginning of 1966. Already twenty-nine administrators and managers have gone and come back, having completed four months' language training and six months' actual work in cooperatives. A second group has completed the language courses and is undergoing the course in cooperatives.

Another form of training is in the maintenance and repair of different types of machinery in the workshops of one of the general directorates of the Ministry of Village Affairs (General Directorate of Soil and Settlement). This is considered strictly as an experiment; if it proves successful it will be extended to all cooperatives, particularly those that handle machinery.

A related aspect of the training programme which is still in the planning stage is the intensive course for directors and accountants of cooperatives given in the ministry. This is important since financial management and control seem to be the main obstacles to the development effort.

Thus the government, starting with the interministerial committee, then with governors and local personnel of the Ministry of Village Affairs and through different training courses and facilities in Ankara and other centres, as well as by international arrangements, is trying to control, orient and follow-up the investments of the cooperatives which were established with the aid of savings of peasants who emigrated to foreign countries.

From the discussion so far, it may be clear that the success of the government's rural development programme up to now has depended on the efficient control of many factors. The first aim of the programme, namely to make the workers deposit their savings in Turkey's banks, has been achieved. Together with the credit arrangements of the Agricultural Bank, two other factors in the life of cooperatives are significant. One of these is the advantage of having a large part of the capital in cash. The capital formed by the savings of the worker-peasants is and will continue to be an important factor in the success of the cooperatives. The credit provided by the Agricultural Bank is proportional to the savings; thus, the larger the part of the capital that is in cash the greater the credit facilities. Credit provided under these conditions does not seem to be a problem.

However, capital and credit facilities are not the only factors for the success of a cooperative. It is first of all an economic investment which has to be made after careful analysis and necessary computation of the possibilities for selection. The government tries to control this factor through the local committees chaired by the governors and through a special bureau in the Ministry of Village Affairs. Separating the feasible investment programmes from the non-feasible proved to be the most crucial problem in 1966 as many of the villages involved were oriented more towards direct benefit from the priority given to the migration of their members than to anything else. At this stage, with the collaboration of the local committees, the bureau of cooperatives, and agricultural faculties of the universities, the problem of feasibility of investments seems to have been brought under control. Such control will continue after the cooperative is firmly established and smoothly functioning.

A problem presents itself with respect to trained people for the organization and administration of the cooperatives. It seems that they will have some difficulty at the beginning even with the help of the ministry, experts on cooperatives being few even there. We have explained above how the Ministry of Village Affairs has instituted a centre-to-periphery training programme which, however, may take a rather long time to have its full effect. An element of hope, sometimes expressed by responsible people in the country, is that the emigrants on their return may act as leaders and organizers of the cooperatives. In our opinion, there is no evidence that the characteristics of a successful industrial worker abroad are the same as those of a cooperative organizer. At best one could expect perhaps that the general life experience abroad would give the peasant-workers extra initiative and the desire to play an active part in the cooperative movement. They may lack the ability to occupy the positions of administrators or accountants or anything demanding similar specialized knowledge. Hence, they cannot be relied upon too much to do highly skilled jobs. However, they may play a role in elections and similar democratic activities of the cooperatives.

As explained above, factors making for a successful cooperative such as capital, credit facilities, investment feasibility and manpower training have all been considered by the government and extensive arrangements made to bring them under control in order to help the newly-established cooperatives to survive. But two important aspects have been left out, probably because they are beyond the area of control of the government. One such aspect is the demand for labour by foreign countries. The number of workers and for how long they will be demanded from Turkey, depend solely on the rate of industrial development and the labour supply in foreign countries. The gross national income of Germany, where 80% of Turkish emigrants work, increased from DM.74.51 billion to 240.75 billion in 1961. The State Planning Organization, basing its analysis on this trend and presupposing that it will remain the same, estimated that in 1972 labour demand in Germany will increase to 28.3 million.[9] Similar computations gave a figure of 2 million unsupplied labour demand. The percentage of Turkish workers among foreign labourers in Germany increased from 0.2% in 1961 to 7.1% in 1964. If it is assumed that the trend will continue, then in 1972 280,000 of the two million labour demand will be supplied by Turkey. Figures compiled by the Employment Bureau of Turkey show that although the labour demand increased very rapidly up to the end of 1964 it slowed down after 1965, and recorded a considerable decrease in 1966 (Table 9).

TABLE 9

Labour Demand and Labour Migration from Turkey
(in thousands)

Year	Demand	Migration
1961-63	54.8	43.0
1964	71.1	66.2
1965	61.1	51.5
1966 (9 months)	32.4	30.6
September 1965	7.2	4.8
September 1966	2.9	4.5

Source: Turkish Employment Bureau, *Labour and Manpower Reports No. 69* September 1966, arranged from Tables 20-23.

A comparison of figures of demand for labour between August 1965 and 1966 shows this difference clearly. What is more, up to 1965 the Turkish Employment Bureau was rather behind in meeting the demand. Since the beginning of 1966, the gap between the foreign countries' demand and Turkey's supply has been bridged and applications have even surpassed the demand. This, of course, means also a significant decrease in the number of workers to be sent abroad in following months (Table 10).

[9] Icen Börtücene, "Uluslararasi Isgücü Hareketleri ve Türkiye" (State Planning Organization, 1966, mimeographed), pp. 53-58.

TABLE 10

Applications to Migrate Abroad to Work: September 1966
(in Thousands)

	Men	Women	Total
Unskilled	506.2	7.8	514.0
Skilled	125.5	3.1	128.6
Total	631.7	10.9	642.6

Source: Turkish Employment Bureau, *Labour and Manpower Reports No. 69*, September 1966, Table 17.

It seems that the number of workers abroad is at least 10% below the estimation of the State Planning Organization.[10] Most probably this rate will grow rapidly in coming months. All this makes the revision of all the estimated figures necessary. The effect of the decrease of demand for labour was to nearly cripple the rural investments projects carried out by the cooperatives because it led to lower capital accumulation.

The other factor which is beyond government control is the way in which rural socio-economic conditions change. In Tuıkey cooperatives were difficult to establish before cash crop development because of very poor family-household economics, apparent self-sufficiency, and particularly the prevailing individualism and suspicion and hostility that almost hindered collective action of any kind.[11] These factors are still prevalent in those villages which preserve their relative isolation. But more villages today are producing for the national market as a result of the introduction of innovation into their agricultural activities. Parallel to this, the population explosion forces the old peasant communities to change their social relationships, behaviour patterns and attitudes. On the other hand, the slow developments of industrialization, urbanization and related institutions do not provide conditions quickly and efficiently enough for the proper integration of rural changes. The result is the emergence of certain buffer mechanisms and relationships which make integration of rural and urban changes

[10] *Ibid.*, p. 46.

[11] Paul Sterling: *Anatolia Village* (Oxford University Press, London 1964).

possible for the time being, but at the same time obstacles to further and better changes. These buffer mechanisms first show themselves when, in a very effective way, the intermediary traders in towns who act not only as credit givers and marketing agents but also as probably the only body which provides much of the social security in extraordinary times (sickness, death, marriage, court procedures etc.), block the way to any cooperative action and sabotage its growth. Observations in different regions have shown that any attempts by the villagers to organize for marketing their produce have been stopped by the highly active propaganda of such traders.[12] Consumer cooperatives, such as the three general stores opened in the pilot project are strongly resisted as they stop the villagers' contact with the intermediary traders. The traders' business becomes affected not only by the loss of retail trade but also by the loss of their credit interests. These intermediary traders are at the same time very influential in local politics. This of course means that they play an important role in the acceptance or rejection of investment projects by the local committees. The channels of political power, starting from local intermediary traders with buffer functions, lead to much higher levels and influence the decision-making processes on ministerial or even parliamentary levels where the belief about cooperatives as communistic activities also prevails.

Thus the future of the project, like any planned social action, depends on highly complex uncontrollable factors. At this very early stage, it is difficult to predict the future. The most positive factor in the situation which prompts the peasantry, the traders, and even the decision-making bodies outside the rural areas to put more hope and action into this project or any other cooperative

[12] *Report sur un Programme de Développement Economique et Social de la Thrace Orientale (Turquie)* presenté à L'Organisation de Coopération et de Développement Economique (O.E.C.D.). Sous la direction de Michel Phlipponneau, Professor à la Faculté de Lettres et Sciences Humanes de Rennes. Avec la collaboration du Bureau de la Planification Régionale de la Marmara (Ministère de la Construction et du Logement du Turquie) dirigé par M. Tarik Carim, Mai 1966.

Toplum Kalkinmasi Pilot Projeleri Degerlendirme Raporlarl, Eylül 1965 Hazirliyan: Yücel Ayasli, Köy Isleri Bakanligi, Degerlendirme Yayinlari: III-IV.

movement, is the high population increase. This puts such a tremendous pressure on them for more production and better distributive mechanisms that they have to accept and promote the chances of survival of such organizations.

Other human factors, such as whether the members will deposit their shares and savings in the bank, whether they will come back and if they do what their relationships with other members of the local cooperatives will be, are dubious matters on which it is too early to guess and decide upon. Administrative inefficiencies, or differences of opinion between different governmental circles, will all affect the future of the project. But when viewed with the fluctuations in the demand for labour by Western Europe, the resistance shown by local social structures and the opposition by decision-making bodies, these human factors seem to be of secondary importance for the future of the project.

BIBLIOGRAPHY

Surveying Peasants Attitudes in Turkey. Report presented by F. W. Frey *et al.* to State Planning Organization, Ankara.

Köy Envanter Calismalari (Village Inventory Survey), Ministry of Village Affairs Publications, 10 Volumes (to be continued).

Several Reports of the Ministry of Village Affairs (Types).

Evaluation Reports of the Community Development projects, State Planning Organization.

OECD Manpower Statistics 1954-1964.

Orhan Türkay, *Türkiye'de Nüfusun Artisi ve Iktisadi Gelisme* (Isbankasi yayinlari, Ankara, 1962).

G. and B. Hellings: *Rural Turkey* (Iktisat Fakültesi Yayinlari, Istanbul 1954).

Kazim Köylü, "Zirai Ana Problemlerimiz", *Ziraat Dergisi* Sayi 128 (Ankara, 1959).

Bülent Köprülü, *Toprak Hukuku Dersleri* (Istanbul 1958), Vol. I.

Bei Fragen zur Produktsicherheit wenden Sie sich bitte an:
If you have any questions regarding product safety,
please contact:

Walter de Gruyter GmbH
Genthiner Straße 13
10785 Berlin
productsafety@degruyterbrill.com